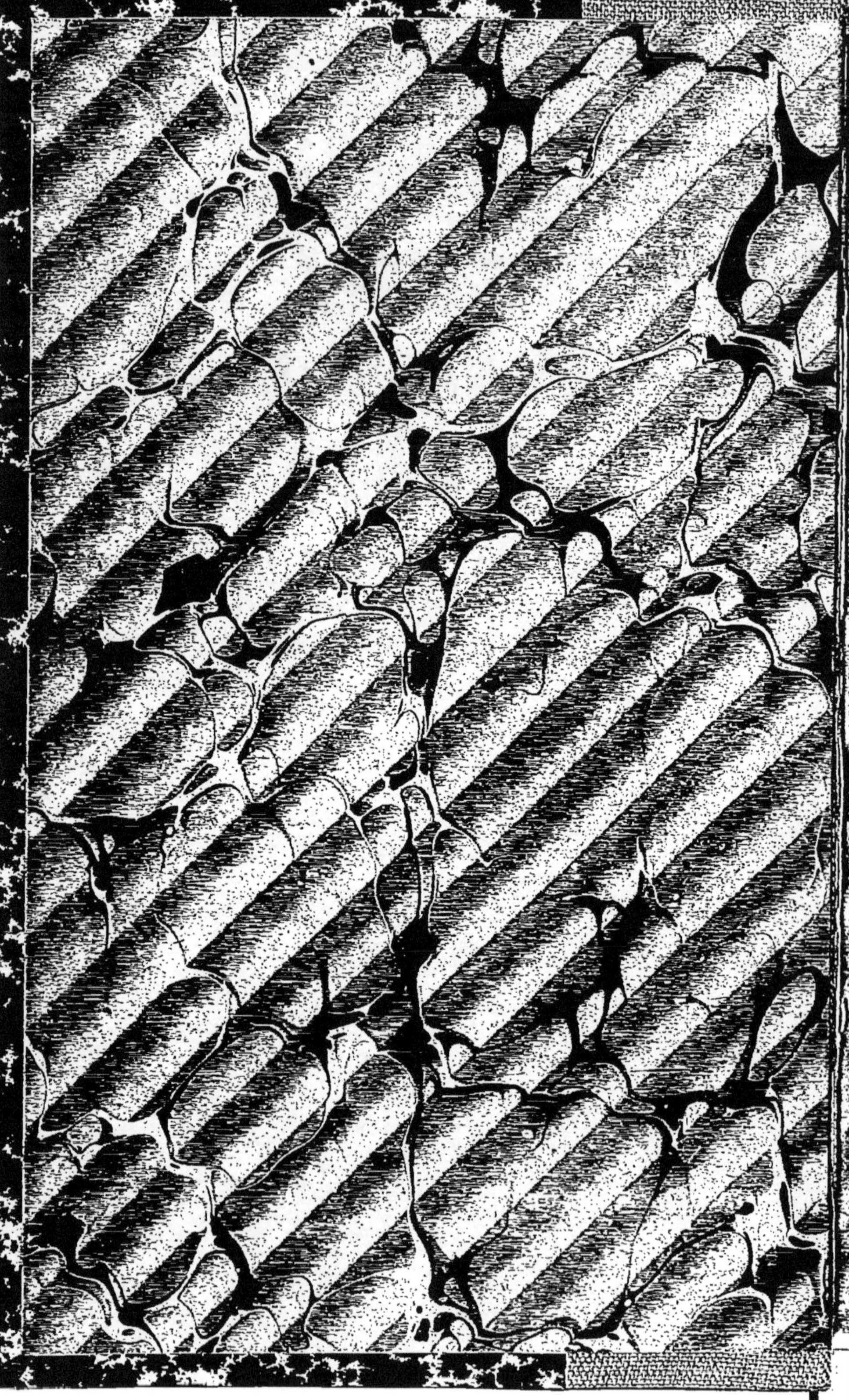

LES

BIENS COMMUNAUX

EN FRANCE

ÉTUDE HISTORIQUE ET CRITIQUE

PAR

ROGER GRAFFIN

DOCTEUR EN DROIT
MEMBRE DE LA SOCIÉTÉ DES AGRICULTEURS DE FRANCE

Mémoire couronné par la Société des agriculteurs de France, session de 1899.

PARIS
GUILLAUMIN ET Cie
ÉDITEURS DU JOURNAL DES ÉCONOMISTES
RUE DE RICHELIEU, 14

1899

LES

BIENS COMMUNAUX

EN FRANCE

Typographie Firmin-Didot et Cie. — Mesnil (Eure).

LES BIENS COMMUNAUX EN FRANCE

ÉTUDE HISTORIQUE ET CRITIQUE

PAR

ROGER GRAFFIN

DOCTEUR EN DROIT
MEMBRE DE LA SOCIÉTÉ DES AGRICULTEURS DE FRANCE

Mémoire couronné par la Société des agriculteurs de France, session de 1899.

PARIS
GUILLAUMIN ET Cie
ÉDITEURS DU JOURNAL DES ÉCONOMISTES
RUE DE RICHELIEU, 14

1899

RAPPORT

DE M. ÉDOUARD ROUSSELLE

A LA SOCIÉTÉ DES AGRICULTEURS DE FRANCE

(Séance du 6 mars 1899).

MESSIEURS,

En destinant l'année dernière un prix agronomique à l'auteur de la meilleure étude sur les biens communaux en France, votre section d'Économie et législation rurales a pensé qu'elle faisait œuvre grandement utile.

Si en effet cette question a déjà donné lieu à de nombreux et savants travaux, du moins semble-t-il que les études qui en ont été publiées soient presque exclusivement juridiques, et qu'aucune n'ait envisagé les biens communaux dans leur rôle social, dans leurs rapports spéciaux avec la vie rurale.

Votre IXe section a jugé qu'elle devait tenter

de combler cette lacune et elle a convié les érudits que de telles questions intéressent, à entreprendre sous le couvert de l'anonymat, la lutte courtoise et féconde d'où devait sortir l'œuvre désirée.

Le programme de ce concours était ainsi libellé :

« Un prix agronomique, consistant en un objet d'art, sera décerné durant la prochaine session de la Société en 1899, à l'auteur d'une étude sur les biens communaux en France :

1° Les biens communaux dans le passé ; leur origine, leur rôle et les modifications apportées pendant et depuis la Révolution.

2° Les biens communaux aujourd'hui ; leur état actuel en fait et en droit et ses conséquences.

3° Y a-t-il lieu à une réforme dans la législation des biens communaux et dans quel sens ? »

L'appel de la Société a été entendu. Cinq mémoires ont été déposés, et votre commission a eu l'extrême satisfaction de trouver dans chacun de ces manuscrits une œuvre digne à des titres et des mérites divers, de fixer son attention.

Je ne veux pas dire par là que les travaux présentés soient exempts de toute critique, il apparaît au contraire que presque tous méritent la même. Sous l'influence sans doute de leurs devanciers dans la matière, nos concurrents ont donné une part exclusive à l'érudition et à la science juridique et ont hésité devant les conclusions que le programme du concours leur demandait de tirer. C'était là cependant que devait apparaître le caractère propre demandé à leur œuvre : l'observation de la vie rurale. C'était là que devait être exposé et discuté le rôle social et agricole des biens communaux.

Sous réserve de cette critique, il est certain que tous les travaux présentés au concours méritent les plus grands éloges.

Votre rapporteur voudrait pouvoir vous faire connaître en détail ces études, mais le temps lui est compté et il doit se borner à vous présenter quelques aperçus rapides sur chacun de ces mémoires. Il se reprocherait d'autre part d'en laisser un seul sous silence.

Si vous me le permettez, je passerai cet examen rapide en suivant l'ordre d'élimination et gardant pour la fin le mémoire que la Commission a jugé mériter la première place.

Le premier mémoire que j'aie à ouvrir devant vous porte la devise : « L'adversité est notre mère et la prospérité n'est que notre marâtre ».

Ce travail qui dénote une très grande expérience personnelle et une forte érudition, se présente cependant sous une forme tellement résumée, qu'il a semblé à votre Commission qu'elle ne pouvait, malgré son réel mérite, le mettre en parallèle avec les œuvres beaucoup plus développées des autres concurrents. Notons seulement, en faisant d'ailleurs toute réserve contre cette opinion, que l'auteur est partisan absolu du partage immédiat et par feux des biens communaux « dont l'existence, dit-il, est contraire à toutes les indications de la raison, de la science économique et de la théorie agricole ».

Le second mémoire est inscrit sous la devise : « Toute théorie absolue aboutit à des résultats préjudiciables ».

Ce travail remarquablement documenté est un excellent résumé de l'histoire législative et juridique des biens communaux en France. Malheureusement l'auteur est de ceux que nous signalions tout à l'heure, dont la plume a hésité devant les conclusions à tirer. Dans son chapitre final intitulé : « Pratiques rurales », titre qui semblait nous promettre les observations désirées sur la vie agricole dans ses rapports avec les biens communaux, l'auteur se borne à mettre sous nos yeux la statistique du mouvement d'aliénation et de partage des biens communaux dans plusieurs départements ; il expose ce qui s'est passé à ce point de vue particulièrement dans la Haute-Vienne et dans la Corrèze où, dit-il, les avantages de l'aliénation sont si bien appréciés, que depuis 1862, quatre cent quatre-vingt-un hectares de biens communaux ont été vendus. Il est vrai d'ajouter que ces biens appartenaient à des sections de commune.

Mais l'auteur s'arrête là, et s'il n'ignore pas « le rôle social et démocratique joué par les communaux qui nourrissent les bestiaux du pauvre », il laisse ce point de vue entièrement de côté et se borne à conclure en paraphrasant la devise même de son travail : « Toute théorie absolue aboutit à des résultats contradictoires ».

« Le village est la forme première de la société », telle est la devise portée par le troisième mémoire dont j'ai à vous rendre compte.

Cette étude très complète présente au point de vue documentaire les mêmes qualités que le mémoire précédent, peut-être avec encore plus d'ordre et de méthode. L'auteur, après avoir développé la législation comme il convenait, a consacré une partie de son travail à l'administration des biens communaux, une autre à la statistique, et une autre aux droits d'usages. Enfin l'auteur n'a pas craint d'aborder la troisième partie du programme du concours, et sous le titre : « Avenir des biens communaux, conclusions », il s'est posé trois questions successives :

Le principe de la communauté doit-il être condamné ?

Sur cette première question l'auteur, avec la méthode qui le caractérise, fait ressortir l'opinion du législateur, puis entreprend l'analyse de l'opinion de l'école. Après avoir magistralement réfuté les doctrines de M. Demolins, ce grand admirateur de la race anglo-saxonne pour qui la communauté est la cause du mal dont il juge que nous mourons, l'auteur met en lumière la théorie opposée, personnifiée par Balzac « plus solidement observateur, dit-il, et plus sérieusement outillé que beaucoup d'économistes ».

Après ce parallèle l'auteur expose les doctrines socialistes, puis il conclut :

« Laissez, dit-il, l'initiative locale accomplir son effort. Elle sait plus que personne agir au mieux de ses intérêts parce qu'elle sait avec quelles difficultés elle est aux prises, parce qu'elle a conscience du maximum auquel elle peut atteindre, passé quoi elle retombe brisée et inerte.

Laissez, dans les climats sur les sols et avec les peuples favorables, s'épanouir la grande culture incompatible avec le métayage. Laissez le métayage opérer son excellente besogne dans les régions, sur les terrains, et avec les races, où rien de préférable ne vaudra jamais. Favorisez la division toutes les fois qu'en raison de la fécondité naturelle, de la facilité de l'exploitation, vous pouvez compter loyalement sur un progrès. Laissez vivre la communauté partout où les grandes forces de la nature s'opposeraient à vos prétentions. Et surtout respectez la propriété quelle qu'en soit la forme. »

Après cette conclusion qui admet que les biens communaux ne doivent pas être condamnés en bloc, l'auteur déclare cependant, que l'observation force à reconnaître qu'une partie des biens communaux pourrait être mieux administrée et qu'une partie d'entre eux gagnerait à sortir du régime de l'indivision, et il se pose alors deux autres questions :

Sur quelle partie des biens communaux doit porter la réforme, c'est-à-dire la vente ou le partage?

Quels sont les meilleurs moyens de faire aboutir la réforme?

Le temps me manque, Messieurs, pour développer les réponses du mémoire à ces deux questions ; leur énoncé suffit à vous montrer que l'auteur n'a pas craint d'envisager une solution au problème et qu'il l'a cherchée consciencieusement, mais il faut dire aussi qu'il s'est rendu compte des nombreuses difficultés que le système pouvait rencontrer.

Le travail dont je viens de vous parler présente un réel mérite, et il serait vraiment complet, s'il ne semblait pas qu'eût échappé à l'auteur l'observation si nécessaire du rôle des biens communaux au point de vue social et de l'appui qu'ils peuvent donner aux petits et aux humbles du village.

Cette critique s'adresse également au mémoire suivant :

« L'oisiveté du corps et l'ennui de l'esprit sont plus pénibles à supporter que tous les travaux du corps et de l'esprit, » telle est la devise de ce quatrième mémoire. J'aurais à me répéter pour vous faire l'éloge de la partie historique et juridique de ce travail. Tous nos concurrents ont, cela va sans dire, puisé aux mêmes sources et comme ils se sont tous montrés des écrivains de valeur doués d'une méthode scientifique irréprochable, il en résulte qu'il y a une très grande analogie entre leurs œuvres à ce point de vue, les seules différences résultant du style et du mode de classement.

Cependant, je dois vous signaler dans le mémoire que j'ouvre devant vous une innovation heureuse. L'auteur, à la suite de son exposé complet de l'origine et de la législation des biens communaux en France, a entrepris l'étude spéciale de certaines communautés qui présentent un caractère particulier comme celle ancienne des Gault en Nivernais et celle actuelle de Fort-Mardyck près de Dunkerque. Puis il a fourni tout un chapitre du plus haut intérêt sur les biens communaux à l'étranger ; il y passe en revue les communautés en Germanie, dans l'Italie antique, en Russie, à Java, en Angleterre, en Belgique, en Espagne, en Italie, en Écosse, en Suisse, en Algérie.

Quoique cette étude ne figure pas dans le programme du concours, votre commission n'a pu rester indifférente devant ce travail d'une remarquable érudition.

Il est regrettable que les conclusions de cet excellent ouvrage ne fournissent pas autre chose que des considérations vraiment trop générales.

J'arrive, Messieurs, au dernier mémoire, celui

que votre Commission a désigné pour le prix agronomique.

La devise en est : « C'est dans l'intimité des rapports que la vie communale établit entre les habitants qu'est la source de notre affection pour le lieu de notre origine. »

L'œuvre que nous avons ainsi retenue nous a semblé devoir être classée la première, parce qu'à la fermeté du style elle joint des qualités supérieures d'ordre et de méthode. Sans doute, nous l'avons déjà dit, tous ces mémoires se valent au point de vue documentaire, mais l'auteur de celui-ci a présenté le résultat de ses recherches d'une façon aussi claire que sobre.

Appuyant son texte de citations choisies, il a su donner un réel intérêt à cette histoire de la communauté en France. C'est ainsi que, dans cette lecture vraiment attachante, nous avons été heureux de voir la sollicitude avec laquelle l'auteur s'est appliqué à rechercher et à mettre à côté des principes législatifs nouveaux qui se sont fait jour au dix-huitième siècle, l'opinion des petites gens.

Tandis que les économistes et les jurisconsultes réclamaient le partage et n'hésitaient pas à demander même la suppression des communaux, les petites gens se défendaient. C'étaient les

États de Bretagne qui, dès le dix-septième siècle, disaient que « les terres vaines sont nécessaires aux pauvres gens pour nourrir les bestiaux qui les font vivre ». C'étaient les « laboureurs des duchés de Lorraine et de Bar » qui, en 1787, faisaient enregistrer leurs plaintes :

« Dans le bailliage de Mirecourt, dit le procès-verbal, vingt-cinq communautés se sont adressées au parlement pour supplier que leurs pâquis resteront dans leur état accoutumé. » C'étaient enfin des réclamations analogues en Artois. Mais je ne puis m'attarder à ces citations, n'ayant d'autre but que de vous signaler l'excellent esprit dans lequel cet ouvrage est fait, et voulant vous parler des conclusions.

Les considérations économiques de l'auteur débutent par un chapitre sur l'importance et la consistance du domaine communal. Si je m'y arrête, c'est que ce chapitre mérite une légère critique. Cette étude de statistique est un peu brève, surtout si on la compare aux travaux statistiques qui figurent dans les autres mémoires.

Mais ensuite l'auteur entre dans le vif de la question. Son premier soin est de la mettre au point dans un tableau rapide mais complet de l'opinion. Mais après avoir fait ressortir ainsi toutes les critiques et les reproches que l'on a amoncelés contre les biens communaux, l'auteur ne craint pas d'y répondre, et ici je ne puis résister au désir d'une citation :

« Tous ces reproches, encore une fois nous les acceptons : ils sont fondés ; hâtons-nous d'ajouter qu'ils ne nous causent aucune émotion.

« Avec la jouissance commune le rendement de la terre est médiocre, voilà qui est entendu. Il ne faut pas s'effrayer de ce résultat. Cet inconvénient est largement compensé par des avantages d'un ordre plus élevé. Nous ne voudrions pas nous insurger contre le progrès. On ne saurait assez admirer le génie employé par notre siècle pour tirer le plus grand parti possible des forces de la nature.

« On nous permettra cependant de constater que ce qu'on appelle le progrès n'a pas toujours suscité une condition meilleure pour l'homme, les individus et la famille. Le machinisme qui a tué le petit atelier, n'a-t-il pas trop souvent apporté la gêne dans bien des foyers, ne contribue-t-il pas encore à créer un asservissement parfois cruel pour l'ouvrier ? N'insistons pas.

« Ce que nous voulons démontrer ici, c'est que pour apprécier l'utilité des communaux il ne faut pas se placer au point de vue restreint de la production et de la valeur. Il faut aussi et surtout envisager les services que ces communaux peuvent rendre à l'habitant, à l'homme pour le bien duquel tout ici-bas a été créé.

« L'agriculture pour l'agriculture, c'est là une formule que nous n'acceptons pas. Nous préférons nous rappeler ce texte de nos Livres saints : *Terram dedit filiis hominum*, de par Dieu la terre pour l'homme. »

Après ces considérations, l'auteur s'applique à montrer combien en effet les petites gens trouvent dans les jouissances communales des secours particulièrement précieux pour la vie de chaque jour.

« Avec le pâturage commun, on nourrira sans frais pendant la moitié de l'année, la vache, la chèvre ou la brebis qui donnera le lait à la maison. Avec les aisances ou allotissements, le ménage le plus dénué de ressources, devient possesseur d'un terrain dans lequel il recueille les pommes de terres qui seront toute l'année la nourriture de la famille, et qui peut-être permettront d'élever un porc, si toutefois la récolte est suffisante et que par ailleurs on dispose d'un capital ou d'un crédit d'au moins vingt-cinq francs. »

Mais il faudrait tout citer pour vous montrer le charme de ces observations vivantes où l'auteur nous indique les services précieux rendus aux pauvres par toutes les formes de jouissance commune.

Aussi après ce tableau, voici logiquement sous sa plume l'exposé des sentiments des populations.

L'auteur rappelle que l'histoire de la propriété communale pendant plusieurs siècles n'est que le récit des luttes des petits et des humbles pour conserver ce domaine.

C'est cet attachement qui a résisté aux théories économistes du dix-huitième siècle comme aux inspirations et même aux ordres de la Révolution. Si on a vu les communaux disparaître dans les pays riches où les exploitations sont divisées, comme par exemple en Normandie, il faut y voir une évolution naturelle dont on doit se féliciter au point de vue agricole, mais qui reste une exception.

Et maintenant nous arrivons aux conclusions. L'auteur, partisan convaincu de la conservation des biens communaux pour les services qu'ils rendent à l'habitant, ne demande pas toutefois que le patrimoine communal soit maintenu ou même agrandi sans raison. S'il y a bon nombre de communaux qui ne peuvent être livrés à la culture, il y en a d'autres qui peuvent être améliorés, ce n'est pas douteux. Mais pour cette amélioration, l'auteur repousse avec énergie toute confiscation directe ou indirecte du domaine communal par l'État; il veut justement que les communes conservent toujours la libre administration de leurs propriétés et condamne toute intervention du législateur qui aurait pour but d'ordonner par mesure générale le partage, la vente ou l'amodiation de tout ou partie du domaine communal.

C'est donc aux administrations municipales qu'il faut s'adresser pour leur faire apprécier les avantages des biens communaux et leur enseigner la voie à suivre pour en tirer le meilleur parti. Et l'auteur ajoute : « Ce rôle peut être celui de l'État, pourvu que les préoccupations politiques ne paralysent pas son influence et son action. Nous attendons davantage de l'initiative des sociétés privées. Par leurs enseignements, par leurs encouragements, les syndicats agricoles, les sociétés d'agriculture, notamment la Société des agriculteurs de France, peuvent exercer l'influence la plus efficace et provoquer des réformes utiles. »

Je ne pouvais, Messieurs, passer sous silence cette page où l'auteur montre une si juste conception du rôle de nos syndicats et de notre

Société et cela d'autant moins que, dans une note au bas de cette page, l'auteur exprime le vœu que la Société des agriculteurs de France s'emploie à stimuler le zèle des communes en décernant des récompenses là où des communaux incultes auraient été utilisés.

Mais sur cette question l'auteur va encore plus loin, et ne se bornant pas à un vœu, il montre par quelques exemples pratiques bien choisis l'excellent parti qu'on peut tirer des communaux, par des plantations de bois et aussi par des concessions temporaires de terres cultivables, par ces allotissements que le dix-huitième siècle a multipliés et qui ont produit les meilleurs résultats en France, comme en Angleterre, comme en Suisse.

J'ai fini, Messieurs, je ne crois pas avoir abusé du temps qu'on a bien voulu m'accorder, car j'estime que les œuvres que j'ai présentées à votre attention en sont toutes dignes au plus haut point, mais pour terminer c'est encore à l'œuvre récompensée que je vais faire un dernier emprunt.

Voici les derniers mots de ce travail, il est juste qu'il couronne ce rapport et que ce soit à eux que vos applaudissements s'adressent.

« Nous avons, dit l'auteur, terminé cette étude. Nous accusera-t-on d'avoir, contrairement au sentiment général, envisagé les communaux sous un jour trop favorable. Peut-être. Mais ce que nous admirons dans le bien communal, c'est qu'il offre à tous un patrimoine. Nous sommes de ceux qui par tradition et par conviction, croient que l'homme attaché à la terre conserve davantage les qualités morales qui ennoblissent l'individu et grandissent un peuple. De nos jours les intérêts cosmopolites et la vie fiévreuse tendent de plus en plus à jeter la famille hors de son foyer, effaçant les traditions, isolant les individus. En même temps s'affaiblit l'amour de la patrie.

« Nous voulons reconnaître dans cette propriété communale un lien qui attache au pays les déshérités de la fortune.

« La patrie, c'est la terre. C'est pour tous, riches ou pauvres, ce village, ce clocher qui évoquent le souvenir de notre berceau ; c'est le champ que nos pères ont cultivé et embelli ; c'est cette terre qui couvrira de fleurs ou de ronces la poussière de notre tombe. »

Voici les résultats du concours :

La Commission vous demande d'attribuer le prix agronomique au manuscrit portant la devise :

« C'est dans l'intimité des rapports que la vie communale établit entre les habitants qu'est la source de notre affection pour le lieu de notre origine ».

La Commission ayant ouvert le pli contenant le nom de l'auteur, déclare que l'auteur est M. Roger Graffin, docteur en droit.

De plus, ayant égard à la haute valeur des autres mémoires dont deux au moins auraient pu en toute autre circonstance être appelés à la première place, la Commission vous demande d'accorder deux médailles de vermeil.

L'une au mémoire ayant pour devise : « L'oisiveté du corps et l'ennui de l'esprit sont plus pénibles à supporter que tous les travaux du corps et de l'esprit. » L'autre au mémoire dont la devise est : « Le village est la forme première de la société. »

Une médaille d'argent grand module au mémoire ayant pour devise : « Toute théorie absolue aboutit à des résultats préjudiciables. »

Enfin une médaille de bronze au mémoire qui a pour devise : « L'adversité est notre mère et la prospérité n'est que notre marâtre. »

En attribuant ces médailles, la Commission n'a pas cru devoir ouvrir, sans l'autorisation des auteurs, les enveloppes contenant leurs noms. Tout en désirant vivement que ces auteurs se fassent connaître, la Commission a entendu leur laisser toute liberté à cet égard.

Ce matin, pendant la séance de la neuvième section, les bénéficiaires des deux médailles de vermeil ont bien voulu se faire connaître et je suis heureux de proclamer leurs noms :

Ce sont MM. le baron de la Bouillerie et le comte Imbart de la Tour, docteur en droit.

L'auteur du mémoire récompensé par une médaille de bronze s'est également fait connaître. C'est M. Freyssinaud.

ÉDOUARD ROUSSELLE.

PRÉLIMINAIRES

« Les biens communaux, dit le Code civil, sont ceux à la propriété ou au produit desquels les habitants d'une ou plusieurs communes ont un droit acquis (1). »

Cette définition empruntée en partie à la loi du 10 juin 1793 (section 1, art. 1) est étroite et inexacte. Étroite, car les biens communaux en France appartiennent non seulement aux communes mais aux sections de commune (2). Inexacte : car la propriété n'appartient pas aux habitants *ut singuli;* mais à la *communauté* (3), à l'être moral qu'est la commune ou la section de commune.

Les biens communaux sont donc les propriétés

(1) C. civ. art. 542.

(2) Signalons de suite l'ouvrage magistral de M. Léon Aucoc : *Des sections de commune et des biens communaux qui leur appartiennent* (2e édit. Paris, 1864).

(3) « *La communauté d'habitants* » disait-on autrefois. — Albert Babeau, *Le village sous l'ancien régime*, 3e édit. Paris, 1882, ch. I. — Proudhon et Curasson, *Traité des droits d'usage*, 3e édit. Paris 1848, t. VII, n° 727 *in fine*.

de toute nature qui appartiennent aux communes et aux sections de commune au même titre qu'à des particuliers. Ces biens, lorsque les produits ou revenus sont réservés à l'ensemble de la collectivité, s'appellent *biens patrimoniaux*. Ces mêmes biens sont appelés *communaux proprement dits* ou plus simplement *communaux* lorsque l'habitant de la commune ou de la section de commune peut en tirer individuellement un profit direct par la jouissance en nature (1). Nous étudierons particulièrement cette dernière catégorie de biens.

Les biens patrimoniaux de la commune sont mobiliers ou immobiliers. Ce sont les meubles qui ornent et garnissent les édifices communaux; ce sont aussi les créances et valeurs mobilières, qui à des titres divers peuvent appartenir à la commune. Ce sont les édifices communaux, affectés ou non à des services publics, productifs de revenus ou improductifs, (maisons, hôtels de ville, tribunaux de justice de paix, écoles, casernes, cimetières, presbytères, etc... (2); ce sont les biens ruraux (fermes, bois, marais, prairies, carrières, etc...) administrés ou affermés par la commune et dont le revenu tombe directement dans la caisse municipale (3).

(1) Cette distinction capitale est faite notamment par la loi du 10 juin 1793, (section 1, art. 3; — section 3, art. 37; — section 5, art. 3).

(2) Voir sur ce sujet notre étude : *Le domaine privé de la commune*, Paris, Larose, 1896. (Thèse de doctorat couronnée par la Faculté de droit de Poitiers.)

(3) Loi du 5 avril 1884, art. 133, § 1.

Les biens communaux proprement dits sont ceux dont les fruits ou produits sont attribués en tout ou partie aux habitants, collectivement ou individuellement. Tantôt en effet le régime de ces biens consistera en une jouissance promiscue comme pour les pâturages; tantôt il y aura lieu à une simple répartition de fruits entre les habitants comme dans le cas de distribution de tourbe ou d'affouage; tantôt même la commune accordera aux habitants la jouissance temporaire mais exclusive d'un lot de biens communaux (jardins, aisances, portions ménagères, prairies, landes, marais, etc...).

Le classement des biens de la commune en patrimoniaux et communaux est une distinction utile en pratique mais artificielle. Cette distinction en effet ne se rattache pas à la nature même des choses, elle résulte seulement des conditions contingentes dans lesquelles les biens sont placés. Ainsi par exemple, les bois communaux seront tantôt exploités au profit exclusif de la caisse municipale, tantôt au contraire soumis en totalité ou pour portion à la jouissance commune.

*
* *

D'où nous vient cette propriété communale? Quelle est son histoire dans le passé, quelle est son importance dans le présent? Cette propriété a-t-elle encore des raisons d'être? Quels sont les modes d'administration qui lui sont appliqués et qui lui conviennent? Quelles modifications peuvent être apportées à la gestion de ces biens?

Telles sont les questions que nous nous proposons d'étudier. Il ne faut pas se le dissimuler, la tâche est laborieuse. Nous ne nous flattons point d'y avoir suffi. Ne craignons pas cependant d'exposer nettement notre opinion; si nous avons le regret de ne pouvoir suivre toujours en leurs conclusions des esprits distingués, nous pourrons nous rendre ce témoignage que nous avons voulu écrire avec conviction.

PREMIÈRE PARTIE

HISTORIQUE DES BIENS COMMUNAUX

CHAPITRE PREMIER

ORIGINE DES BIENS COMMUNAUX

§ 1. *Idées générales.* — L'histoire des communaux se lie intimement à l'histoire des communes elles-mêmes.

« Le village est la forme première de la société, écrit M. Babeau. Les hommes se sont groupés sur certains points pour cultiver la terre; des besoins communs les avaient réunis; leur réunion a créé pour eux des intérêts communs (1). »

A toute époque comme en tout lieu, la commune ou toute autre agglomération similaire, quel qu'en soit le nom, nous apparaît comme le groupement d'individus le plus naturel et le plus fréquent. Groupement naturel parce qu'il est fondé sur la communauté d'intérêts et cimenté par les rela-

(1) Albert Babeau, *Le village sous l'ancien régime*, 3e édit. p. 11. Paris, 1882.

tions qui unissent entre eux ceux qui naissent et vivent sur le même sol. Le lien est d'autant plus solide que le cercle est restreint. La commune est, après la famille, la collectivité la plus nécessaire et la plus durable; voilà pourquoi nous la retrouvons dans la suite des temps conservant son unité et même son patrimoine malgré les changements de régime politique et de circonscription administrative.

« Moins que la famille, dit M. Batbie, la commune est la continuation de l'individu; mais elle l'est encore à un haut degré, et c'est dans l'intimité des rapports que la vie communale établit entre les habitants, qu'est la source de notre affection pour le lieu de notre origine. On a donc eu raison de dire que la commune est une association naturelle et que la loi ne pourrait pas la supprimer sans faire violence aux sentiments les plus légitimes (1). »

Dans un rapport présenté à la Chambre des députés à l'occasion d'une loi sur l'administration municipale (9 février 1829), le ministre de l'intérieur, M. de Martignac, exprimait aussi les mêmes idées dans des termes où il accusait la différence qui sépare à cet égard la commune du département. « La commune dans son existence matérielle, disait-il, n'est pas une création de la puissance; elle n'est pas comme les départements une fiction

(1) A. Batbie, *Traité théorique et pratique de droit public et administratif*, 2e édit., t. IV, p. 71.

de la loi, elle a dû précéder la loi ; elle est née comme une conséquence du voisinage, du rapprochement, d'habitudes non interrompues, de la jouissance indivise des propriétés communes et de tous les rapports qui en dérivent ; elle est le premier élément de la société, le véritable lien social ; elle ne peut être ni détruite ni ébranlée. »

§ 2. *Universalité de la coutume.* — La propriété commune a donc pris naissance aussitôt que des groupes d'hommes ou de familles se sont réunis sur un même territoire. Alors le plus souvent dans ces sociétés primitives aux habitudes pastorales, les pâturages, les eaux, les bois restaient dans l'indivision (1).

Ces usages existaient au temps de César chez les peuples de la vallée du Rhin « *Sed privati ac separati agri apud eos nihil est, neque longius anno remanere uno in loco incolendi causa licet* (2) ».

Ces usages ont été suivis partout ; on les retrouve encore aujourd'hui et dans des pays bien différents.

Les terrains en jouissance commune sont ce que les anglo-saxons appellent *Folkland* (la terre du peuple) (3) *Allmend* en Allemagne et en Suisse (4).

(1) Dareste de la Chavanne, *Histoire des classes agricoles en France*, 2e édit. Paris, 1858, p. 14 et suiv.

(2) Cæsar, *De bello gallico*, lib. IV, 1. — Voir sur la discussion de ce texte : Léon Aucoc : *La question des propriétés primitives*. Paris, 1885, p. 9, et les auteurs cités.

(3) Brunner, *Zur Rechts geschichte der römischen und germanischen Urkunde*, 1880, t. I, p. 153.

(4) Roscher, *Traité d'économie politique rurale*, traduction Vogel, Paris, 1888, livre II, chap. VI, p. 334.

En Russie, M. de Haxthausen signale la communauté rurale qui existe encore chez les paysans slaves (1). Un voyageur anglais, M. William Hepworth Dixon, écrit à ce sujet : « Ces villageois républicains établissent sur le sol même les bases de leur union. Ils possèdent la terre en commun; non pas chacun en vertu d'un droit personnel, mais au nom de tous. Un mari et sa femme constituent l'unité sociale reconnue par la commune, et tout ménage a droit à une part équitable des domaines de la famille : tant de bois, tant de terre pour le labourage, tant pour la culture des légumes, en proportion de ce que la propriété générale peut valoir à chacun. Après trois ans, tous les titres sont périmés, les allocations expirent, une répartition nouvelle a lieu (2). »

A Java, la propriété du sol chez les indigènes est souvent communale; alors la terre appartient à la *dessa* ou village, et se distribue par périodes d'une ou plusieurs années aux membres de la commune (3).

§ 3. *Droit romain.* — Sous l'empire du droit

(1) De Haxthausen, *Études sur la Russie*, ch. IV (cité par M. Dareste, *op. laud.*, p. 24). Dans le même sens pour la Pologne, les travaux de M. Miéroslawski.

(2) William Hepworth Dixon, *La Russie libre*, traduction Émile Jonveaux, Paris, 1873, p. 274. — Cf. Émile de Laveleye, *De la propriété et de ses formes primitives*, 2e édit. Paris, 1877, p. 12.

(3) Catalogue de la section des colonies néerlandaises à l'exposition d'Amsterdam 1883 (Leyde, 1883, groupe III, p. 37). Cf. De Laveleye, *De la propriété et de ses formes primitives*, ch. IV, p. 49 et suiv.

romain, les cités, les municipes, les curies eurent un patrimoine.

Dans les fondations de colonies romaines, outre la portion de terrain assignée à chaque colon, le peuple romain donnait à la corporation, à la colonie, au municipe, une partie de l'*ager publicus* qui devenait propriété commune. L'origine de ces biens des cités est indiquée par Aggenus Urbicus qui les appelle *communalia* et par Frontin qui les nomme *communia* (1); c'est ainsi que les cités italiques, les colonies et aussi les villes municipales, possédèrent des landes, des forêts, des pâturages (*saltus, pascua publica, silvæ*). Le magistrat qui présidait à l'établissement d'une colonie déterminait la quantité de ces biens; des bornes étaient placées et des plans tracés avec soin étaient remis aux autorités locales qui s'y référaient en cas d'usurpation (2).

Un grand nombre de dispositions légales eurent pour objet d'accroître le domaine des villes. Nerva accorda aux cités le droit de recevoir des legs, et

(1) Voy. Du Cange, *Glossarium mediæ et infimæ latinitatis* v° *Communia*. — Festus, v^is^ *Compascua, Vicinalia*. — Siculus Flaccus, *De conditione agrorum*. — Hyginus, *De limitibus*. — Isidore de Séville, *Originum, lib.* XV, cap. 13.

« Relicta sunt et multa loca quæ veteranis data non sunt. Hæc variis appellationibus per regiones nominantur. In Etruria *communalia* vocantur. » (Aggenus Urbicus, *De conditione agrorum*).

« Est et pascuorum proprietas pertinens ad fundos, sed in commune propter quod ea compascua multis in locis in Italia *communia* appellantur. » (Frontin, *De limitibus agrorum*).

(2) Cf. Cagnat, *Cours d'épigraphie latine*, 2e édit. 1889, p. 241.

Hadrien renouvela la concession de Nerva en la réglementant (1). Sous Trajan, le sénatus-consulte Apronien permit et ordonna de restituer aux cités les hérédités fidéicommissaires (2). Souvent aussi des donations venaient augmenter les propriétés municipales (3). Enfin, pour compléter leur capacité en matière d'hérédité et de legs, les cités reçurent le droit d'hériter *ab intestat*. Dépourvues de lien de parenté civile ou naturelle, les cités semblaient ne pouvoir être appelées à recueillir des hérédités *ab intestat*; elles furent en effet tout d'abord regardées comme incapables à cet égard. Ulpien dit que les villes ne pouvaient être instituées héritières (4). Mais lorsque les villes d'Italie eurent acquis par la *lex Vectibulici* rendue sous Trajan le droit d'affranchir leurs esclaves, elles obtinrent avec les autres droits de patronage la capacité de succéder à leurs affranchis (5). Un sénatus-consulte d'Hadrien ayant étendu ce droit aux villes de province, les municipes eurent désormais la faculté d'acquérir par succession *ab intestat* (6). Comme

(1) Ulpien, *Regul.* XXIV, 28.

(2) Paul. Fr., 26. *Ad Senatuscons. Trebell.*, XXVI, I : « Omnibus civitatibus quæ sub imperio populi romani sunt, restitui debere et posse hereditatem fideicommissam, Apronianum senatusconsultum jubet. »

(3) Armand Rivière, *Histoire des biens communaux en France depuis leur origine jusqu'à la fin du XIIIe siècle.* Paris, 1856, p. 60.

(4) Ulpien, *Regul.* XXII, 5.

(5) L. 3, C. *De serv. reip. manum.* VII, 9. — Dioclétien et Maximien dans cette constitution mentionnent la *lex Vectibulici*.

(6) Fr. 1 et 2 D. *De manum.*, XL, 3; fr. 3 § 6, D. *De suis et legit.* XXXVIII, 16.

conséquence, on décida que les cités pourraient être directement instituées par leurs affranchis (1). Enfin on reconnut aux villes la capacité de recevoir toute espèce de choses, à quelque titre que ce soit, entre vifs ou à cause de mort. C'est ce qui résulte d'une décision insérée au Code de Justinien sous le nom de l'empereur Léon et à la date de 469, mais qui ne fait probablement que consacrer une législation antérieure (2). Plus tard, la curie hérita du décurion mort intestat, sans laisser de postérité ni d'héritier légitime (3); ce droit fut consacré par un rescrit de Constantin. Théodose le Jeune et Valentinien III ajoutèrent encore au profit de la curie un droit de réserve fixé au quart, dans le cas où le successeur du décurion n'appartenait pas au collège des curiales (4).

Nous ne pouvons énumérer toutes les ressources diverses des cités; mais ce que nous avons dit montre combien était favorisé l'accroissement de leur fortune privée, fortune dans laquelle la propriété immobilière tenait la plus grande place. Parmi les terres municipales, les unes étaient désignées sous le nom d'*agri vectigales*, les autres sous celui d'*agri non vectigales*. Les *agri vectigales* étaient loués à bail perpétuel moyennant une

(1) Fr. 1 § 1, D. *De lib. univ.* XXXVIII, 3. Ulpien, *Reg.* XXII, 5.

(2) L. 12, C. *de hered. inst.* VI, 24.

(3) L. unic. C. Theod. *De bonis decur.* V, 2; L. 4. C. Just. *De heredit. decur.* VI, 62.

(4) L. 1 et 2, C. *Quando et quibus quarta pars debet* (X, 34). — Cf. Raynouard, *Hist. du droit municipal en France.* Paris, 2 vol. 1829, t. I, ch. XII, p. 55.

redevance, *vectigal;* le fermier ne pouvait devenir propriétaire, mais tant qu'il payait la redevance, ni lui ni ses successeurs ne pouvaient être troublés dans leur jouissance, et ils étaient protégés par l'interdit *quominus loco publico.* Les terres non vectigaliennes étaient données à cultiver aux conditions ordinaires des baux à ferme, pour une durée plus ou moins longue, mais jamais à perpétuité (1). Outre les immeubles vectigaliens et non vectigaliens, les municipes avaient quelquefois la propriété de carrières de pierres, de craie ou de sable, de mines, de salines, qu'ils faisaient exploiter par des gérants ou des fermiers (2).

Il importe de signaler encore un fait historique qui, à la fin de l'empire, augmenta le domaine des curies sans l'enrichir précisément. Ce fut l'attribution des terres incultes aux municipalités. Beaucoup de terres étaient délaissées par leurs propriétaires, faute de pouvoir payer l'impôt; or, toute terre devant avoir un maître pour satisfaire aux exigences du fisc, l'empire attribua aux municipes la propriété des terrains abandonnés dans leur circonscription. Le titre au Code *De omni agro deserto* et les lois qui s'y trouvent mentionnées, expliquent les curieuses dispositions que les empereurs Aurélien, Constantin, Valentinien et Théodose, prirent à ce sujet (3).

(1) Dig. *Si ager vectigalis,* VI, 3, l. 1.
(2) Fr. 13 pr. et § 1, D. *De public. et vectigal.* XXXIX, 4.
(3) Code, lib. XI, tit. LVIII, *De omni agro deserto.* — Cf. Armand Rivière, *Hist. des biens communaux,* ch. VIII.

§ 4. *Les Barbares.* — La propriété commune persiste sous les barbares. Certaines portions du sol étaient bien partagées entre les vainqueurs (1), mais cette propriété, nous dit M. Dareste, était de peu d'importance. « ... Le reste du territoire assigné à la commune et qui comprenait les terres arables, les bois, les pâturages, les eaux et les chemins demeurait indivis. La jouissance en était commune et réglée par l'autorité publique, c'est-à-dire par le conseil des habitants, sans que nul pût s'en écarter (2). »

Ces données sont confirmées par des textes.

Nous en trouvons la preuve dans le titre LXVII de la loi des Bourguignons et surtout dans le § 6 du titre I de la 1re addition à cette loi qui porte expressément : « *Sylvarum, montium et pascuorum unicuique prorata suppetit esse communionem* (3). »

Le titre LXXVI de la loi des Ripuaires mentionne les forêts communales.

De même les §§ 29 et 30 du titre XXIX de la loi salique, constatent le droit pour chaque habitant de prendre du bois pour ses besoins, sans autre obligation que celle de ne pas exploiter les arbres qu'un autre aurait déjà marqués depuis moins d'un an (4).

(1) Edouard Laboulaye, *Histoire du droit de propriété foncière en Occident.* Paris, 1839, liv. V, ch. IV, p. 251.

(2) Dareste, *op. cit.*, p. 89. — Cf. *Ibid.*, sect. II, p. 102 et suiv.

(3) Cf. Rivière, *op. cit.*, p. 202.

(4) Pardessus, *Loi salique.* Paris, 1843, p. 545.

Isidore de Séville, au VIe siècle, signale aussi l'usage de laisser des terres dans l'indivision pour les pâturages : « *Plerumque olim, a divisoribus agrorum, ager compascuus relictus est ad pascendum communiter vicinis* (1). »

On peut donc dire avec exactitude qu'après l'invasion des barbares et sous leur domination, il y avait encore des biens communs. Si ces biens ont été parfois amoindris, leur existence persiste cependant et aussi leur organisation, car nous savons que la loi romaine fut en grande partie conservée par les conquérants barbares (2).

M. Fustel de Coulanges, dans son ouvrage posthume sur « l'alleu et le domaine rural » estime, que sous les Mérovingiens, les *cités* seules possédaient en propre des communaux. Dans les campagnes, dit-il, les paysans n'avaient sur les *communia* qu'un droit d'usage concédé par le propriétaire du *dominicum*. Le savant auteur discute avec feu certaines citations apportées par M. Glasson pour établir que l'existence des terres communes était un fait général (3). Recherchant dans les formules le sens précis des mots, M. Fustel de Coulanges montre que des *communia* sont men-

(1) *Étymologies*, liv. IV, ch. III.

(2) Armand Rivière, *Hist. des biens communaux*, p. 107 et suiv.

(3) Fustel de Coulanges, *Histoire des institutions politiques de l'ancienne France*. L'alleu et le domaine rural, 1889, ch. V, p. 175 et suiv.

Glasson, *Institutions de la France*, t. III. — Cf. Glasson, *Les communaux et le domaine rural à l'époque franque*. Réponse à M. Fustel de Coulanges. Paris, 1890, § 17, p. 165 et suiv.

tionnés parmi les parties d'un domaine rural qui appartient en propre à un vendeur ou à un donateur (1), et il conclut : « Du quatrième au neuvième siècle, les communaux de village ne dérivent point d'une prétendue propriété collective ; ils dérivent d'une jouissance concédée à des tenanciers par un propriétaire. De même que presque tous nos villages sont issus d'anciens domaines, c'est aussi dans l'organisation intime de ces domaines que se trouve l'origine des communautés de village (2). »

Il ne nous appartient pas de trancher cette controverse ; nous la signalons seulement (3).

Raynouard, dans son *Histoire du droit municipal*, dit que « les cités et les *cantons* » possédaient des biens en commun ; mais les trois textes cités par lui ne sont point décisifs (4).

Quoi qu'il en soit, nous savons très positivement que les vieux municipes du midi, aussi bien que certaines villes du nord ou de l'est, possédaient encore à l'époque féodale des biens communaux. C'est ainsi que l'on constate l'existence de fonds de terres communs dans la Bourgogne en 1003, à Arles en 1055, à Metz en 1179, etc. (5).

(1) L'alleu et le domaine rural, ch. XVII, p. 433.

(2) *Id.*, p. 436 et 437.

(3) Voir la brochure de M. Glasson en réponse aux critiques de M. Fustel. Paris, 1890.

(4) Raynouard, *Histoire du droit municipal*, 1829, t. II, liv. III, ch. XI, § 3, p. 145. — Cf. Du Cange, *Glossarium*, v° *Villa*.

(5) Armand Rivière, *Hist. des biens communaux*, p. 243 et suiv — Augustin Thierry, *Recueil des monuments inédits de l'histoire du Tiers-État*. Paris, 1853, p. 7 (préface). Cf. Ramalho, *L'administra-*

« On peut conjecturer, dit M. Rivière, par l'exemple de ces villes, qu'il y avait bien peu de cités antiques et jadis municipales, qui n'eussent conservé des biens destinés à l'usage commun de leurs habitants. » (1)

§ 5. *La féodalité.* — A partir du IXe siècle, l'influence de la féodalité régnant sans partage, beaucoup de villes ou de communautés virent modifier leurs droits sur les communaux et la pleine propriété leur échapper. Le domaine direct passa le plus souvent au seigneur, aux monastères ou à l'évêque, enfin au suzerain quel qu'il fût, auquel les villes et communautés durent payer pour la jouissance des biens communaux, des cens, des corvées, des services personnels.

« La pleine et libre propriété s'était transformée, nous dit Beaumanoir, en héritage tenu du seigneur à cens, à rente ou à champart (2). » Il ne resta plus guère alors de francs alleux que ceux du roi ou des plus puissants d'entre les seigneurs. Et ce ne furent pas seulement les seigneurs qui s'attribuèrent les communaux. Le roi lui-même n'agit pas d'une autre façon; vis-à-vis des biens communs, il prit quelquefois le rôle de protecteur, mais souvent aussi celui d'envahisseur, quitte à

tion municipale au XIIIe *siècle dans les villes de consulat.* Paris, 1896, p. 41, note 2.

(1) Rivière, *op. cit.*, p. 247.

(2) Beaumanoir, *Coutumes du Beauvoisis*, c. 14.

revendre aux communes leurs propres biens. C'est ainsi qu'à Paris en 1141, les bourgeois obtinrent du roi la propriété de la place de Grève et du Monceau en payant à la Cour 70 livres (1).

Aux XIe et XIIe siècles, se place un fait historique important : l'affranchissement des communes. Nous n'avons pas à décrire ces événements, ni à préciser leur véritable caractère. Nous remarquerons seulement que dans les campagnes, les chartes d'affranchissement furent souvent créatrices sinon de la communauté d'habitants, au moins du patrimoine commun (2). Et si les communes urbaines en général possédèrent dès lors leur patrimoine en toute propriété, il arriva que dans les communes rurales, le domaine direct resta le plus souvent aux mains du seigneur (3) : de là l'origine du droit de *triage* dont nous parlerons plus loin.

§ 6. *Controverses.* — *Conclusion.* — Les déve-

(1) Paul Viollet, *Histoire du droit civil français*, 2e édit. Paris, 1893, liv. IV, p. 564, note 2.

(2) A. Rivière, *Hist. des biens communaux*, p. 248. — Cf. avec les ouvrages d'Augustin Thierry : Guizot, *Hist. générale de la civilisat. en Europe*, 7e leçon. — Abbé Defourny, *La loi de Beaumont*. Reims, 1864. — Abbé Defourny, *Le régime municipal d'après la loi de Vervins*. (*Revue des quest. hist.*, oct. 1883). — Bonvalot, *Le Tiers-État d'après la charte de Beaumont et ses filiales*, 1 vol., 1885. — Luchaire, *Les communes françaises à l'époque des Capétiens directs*, 1 vol., 1890.

(3) Léopold Delisle, *Études sur la condition de la classe agricole et l'état de l'agriculture en Normandie au moyen âge* (Evreux, 1851, in-8), ch. VI, p. 121 et suiv. et p. 168 et 169. — Leber, *Histoire critique du pouvoir municipal*. Paris, 1828, 1re partie, ch. V, p. 328 et suiv.

loppements qui précèdent devraient suffire, semble-t-il, pour montrer quelle est l'origine historique des biens communaux. Cependant une controverse s'est élevée pour expliquer les faits complexes de l'histoire, et l'on a voulu assigner une origine unique aux biens communaux.

Deux thèses absolues ont été produites, diamétralement opposées; l'une et l'autre reposent sur le caractère différent que leurs partisans reconnaissent à la féodalité. Le premier système, soutenu par le président Henrion de Pansey (1), attribuait exclusivement la provenance des propriétés communales aux libéralités des seigneurs ecclésiastiques et laïques; le second, défendu énergiquement par Proudhon (2), niait formellement toute concession féodale, et n'admettait comme source des biens communaux qu'une sorte de propriété antérieure et naturelle des habitants spoliés au moyen âge par la noblesse et le clergé. Ce n'est point là seulement une discussion théorique ayant

(1) Henrion de Pansey, *Des biens communaux*. Paris, 1825, ch. VI, § 3, p. 61. — *Sic* : Curasson, dans ses *Observations* sur Proudhon (*Traité des droits d'usage*, 3e édit. Paris, 1848, nº 746 et suiv.). — La Poix de Fréminville, *Traité général du gouvernement des biens et affaires des communautés d'habitants*. Paris, 1760, préface p. IV et chapitre I, et *Pratique universelle pour la rénovation des terriers et droits seigneuriaux*, ch. IV, section 2, p. 637. — Dalloz, *Répertoire*, vº *Commune*, nº 10. — Béchard, *Droit municipal au moyen âge*, t. II, p. 446.

(2) Proudhon, *Traité des droits d'usage*, 3e édit. Paris, 1848, t. II, tit. IV, ch. II, nº 733. (Des biens communaux d'ancienne origine). — *Sic* : Latruffe-Montmeylian, *Des droits des communes sur les biens communaux*. Paris, 1826, t. I, ch. II et III, p. 40 et suiv.

divisé les auteurs modernes. La controverse est plus ancienne et a eu plus de portée. L'ordonnance de 1669 sur les eaux et forêts s'inspirait du système qui a été défendu par Henrion de Pansey; toutes les lois municipales de la période révolutionnaire sont conçues au contraire d'après les idées soutenues plus tard par Proudhon.

« De grande ancienneté, dit Coquille, les seigneurs voyant leurs territoires déserts et mal habités, concédèrent les usages à ceux qui y viendraient habiter pour les y semondre (*attirer*) et à ceux qui jà y étaient pour les y conserver, et retindrent quelques légères prestations plutôt en reconnaissance de supériorité qu'en profit pécuniaire (1). »

« Presque tous les titres, tant anciens que modernes, dit Salvaing, nous apprennent que la plupart des seigneurs, pour rendre leurs terres habitées, ayant distribué à des particuliers certaines portions de fonds à cultiver, ont été contraints, pour se les conserver, de leur accorder des droits d'usage dans leurs forêts, comme des facultés accessoires à leur habitation, et sans lesquelles ils auraient été nécessités à déguerpir les fonds et à chercher un établissement ailleurs (2). »

« Les seigneurs, écrit Fréminville, donnèrent aux habitants des places pour leurs pâturages, des

(1) Guy Coquille, *Questions et réponses sur les articles des coutumes*. Quest. CCCIII. (édit. Loysel. Paris, 1646, p. 259).

(2) Salvaing, *Traité de l'usage des fiefs*, chap. XCVI, p. 470.

cantons de bois, en un mot ce qui leur était nécessaire à la vie...; toutes lesquelles choses étaient en commun et fournirent dès lors leurs *communes* et *communaux*, tant pour eux que pour ceux qui viendraient s'établir avec eux... (1). »

« L'origine des droits d'usage, disait Henrion de Pansey, se présente naturellement. Les seigneurs avaient de grands domaines, des bois considérables, peu d'habitants et le désir d'en augmenter le nombre. Pour y parvenir, le moyen le plus efficace était d'améliorer la condition de leurs vassaux en favorisant l'agriculture. Pour cultiver il faut des bestiaux, il faut un bâtiment au cultivateur; mais les bestiaux exigent des pâturages, et comment bâtir, comment subvenir à mille autres besoins, sans la faculté de couper du bois dans les forêts? Les seigneurs se trouvaient donc dans une espèce de nécessité de permettre à leurs habitants le pâturage sur les terres de leurs domaines et même l'usage de leurs bois; c'est aussi ce que la plupart ont fait (2). »

La même doctrine a été soutenue aussi dans l'ancien droit par Merlin; elle reposait sur la maxime : *Nulle terre sans seigneur*, ou tout au moins elle s'y rattachait de près. Conformément à cette règle, la plupart des Coutumes, bien avant l'ordonnance de 1669, attribuaient les terres vaines

(1) La Poix de Fréminville, *Traité général du gouvernement des biens des communautés d'habitants*, ch. I, p. 3.

(2) Henrion de Pansey, *Des biens communaux*, 2e édit. 1825, p. 61.

et vagues aux seigneurs dans la justice desquels ces terres se trouvaient situées : ce qui faisait dire que les terres de cette nature appartenant aux communes, étaient des concessions faites par les seigneurs aux habitants de leurs fiefs (1).

*
* *

Quoi qu'il en soit, des jurisconsultes ont pris dès le XVIIe siècle la défense des communautés et ont soutenu qu'elles avaient une possession antérieure à l'établissement du régime féodal; leur opinion se fondait notamment sur le droit romain. D'après eux, les biens communaux devaient, à défaut de titres, être réputés appartenir aux communautés, et le seigneur n'avait pu les posséder que par usurpation. Ce sentiment a été, comme nous l'avons dit, celui de l'Assemblée constituante, de l'Assemblée législative et de la Convention.

Dans son commentaire sur la coutume de Troyes, Legrand, ne veut pas qu'on dise « comme aucuns, que tous usages soit forêts ou pâtures viennent des seigneurs, par cette raison que *omnia censentur moveri a domino territorii*. Ce qui n'est pas vraisemblable, mais plutôt que de toute ancienneté et avant la création des rois, les forêts étaient *publiques et communes au peuple* » (2).

(1) Tel l'axiome ancien : *Omnia censentur moveri a domino territorii.*

(2) Legrand, sur l'art. 168 de la coutume de Troyes (1664), glose 2, n° 15.

Basmaison dit également : « Quant aux hermes communaux, terres vacantes, bruyères et buissons, les seigneurs justiciers prétendent leur appartenir à cause de leur justice; mais la coutume, conforme au droit commun, les attribue à l'universalité du corps des habitants résidants en la même justice, sans que le seigneur ait aucun avantage ni préférence à ses sujets, que d'en prendre comme l'un d'eux (1). »

*
* *

Les deux systèmes que nous venons d'indiquer sont sujets à critique l'un et l'autre. Ils reposent sur l'idée que les communes auraient une origine unique et que leur domaine se serait constitué partout de la même manière. Nous avons constaté çà et là la persistance des biens communs depuis les temps les plus reculés. Lorsque nous rencontrons des fonds de terre communaux, il est bien difficile de dire s'ils proviennent des anciens biens de la communauté qui se seraient conservés, ou des libéralités et concessions du clergé et des seigneurs. La plupart du temps, les communaux prendront leur origine aux deux sources : si d'un côté, les libéralités des seigneurs ont pu former une grande partie du domaine communal, par contre, la propriété collective n'est pas étrangère à la constitution du patrimoine commun.

(1) Basmaison, sur l'art. 5 du titre 28 de la coutume d'Auvergne.

M. Aucoc attribue encore à une troisième source la formation du patrimoine communal : c'est aux associations que formaient entre eux, pour exploiter les terres, des serfs et parfois des hommes libres. De pareilles associations, possédant des terres en commun, existaient autrefois dans la Picardie, la Normandie, la Bretagne, le Berry, la Marche, le Bourbonnais, l'Auvergne, la Guienne. Ces communautés ont disparu vers le XVIIIe siècle; mais elles ont laissé des traces certaines de leur existence. L'une d'elles, la communauté des Jault, dans le Morvan, n'a été dissoute qu'en 1846 (1).

M. Doniol a mis en lumière la raison d'être de ces associations en nous rapportant la légende symbolique d'une famille d'Auvergne :

« Il y a bien longtemps, plus de mille ans, qu'un homme, père d'une nombreuse famille, conseilla à ses enfants de ne point se séparer afin que leurs biens ne se séparassent pas; qu'ils seraient plus forts, plus riches, si au lieu de prendre l'un un brin d'herbe, l'autre un fagot, ils mangeaient ensemble leur herbe et brûlaient ensemble leurs fagots. Ils engagèrent leur foi d'obéir à ses vœux et de répéter à leurs enfants les conseils qu'il leur donnait. Le père étant mort, ils nommèrent pour le remplacer leur frère aîné; et les enfants de leurs enfants ayant suivi leur exemple, réuni leurs bras pour se défendre et travailler, leurs herbes dans

(1) Notice de Dupin aîné sur le Morvan. Cf. Le Play, *Les ouvriers européens* (XXXI, note B, p. 247).

le même grenier, leurs gerbes dans la même grange, leur bois sous le même hangar, ont été forts, hospitaliers, ont bien vécu et iront en Paradis (1). »

« N'est-il pas vraisemblable, dit M. Aucoc, que ces associations, qui possédaient et exploitaient des terres, ont dû, pour les besoins de leur exploitation, constituer des pâturages communs outre les droits d'usage qui pouvaient leur avoir été concédés, et n'est-il pas probable que lorsque, après avoir duré plusieurs siècles, ces associations se sont peu à peu dissoutes, et que les associés se sont transformés en voisins habitant le même village, l'usage commun des pâturages s'est maintenu pour les habitants, sans que l'on recherchât quels étaient ceux dont les auteurs avaient primitivement fait partie de la communauté (2). »

On peut parfaitement admettre cette hypothèse, et le fait qu'on signale a dû donner naissance à un grand nombre de sections de commune : « Il est en effet vraisemblable, dit M. Houdoy, que lorsque les habitants mettaient des biens dans l'indivision, cette convention n'avait lieu qu'entre personnes rapprochées et groupées par des intérêts identiques, qu'entre des habitants d'un même village ou hameau. Il y a une grande différence entre la propriété indivise entre un certain nombre d'habi-

(1) Doniol, *Histoire des classes rurales en France*, 2e édit. Paris, 1867, liv. III, chap. IV, p. 159. — Cf. *Ancienne Auvergne*, t. III, ch. IV, p. 110.

(2) Aucoc, *op. cit.*, p. 46.

tants, et la propriété commune d'une association d'habitants constituant un être moral; mais dans le cas des sociétés dont parle M. Aucoc, par suite de l'incertitude qu'une longue suite de siècles avait dû causer dans les droits de chacun des copropriétaires, la propriété indivise a dû fatalement se transformer en propriété communale (1). »

M. Aucoc résumant les origines diverses des biens communaux énumère les causes suivantes :

« La répartition primitive du sol au temps où dominait la vie pastorale; l'attribution des terres vacantes faite aux municipalités romaines par les empereurs; mais surtout, et à peu près exclusivement pour les communautés rurales, les concessions à titre gratuit ou à titre onéreux des seigneurs ecclésiastiques et laïques; et les débris des propriétés indivises des communautés agricoles du moyen âge (2). »

(1) Houdoy, *Des communes et des sections de commune considérées comme personnes morales*. Thèse de doctorat. Paris, 1875, p. 675.

(2) Aucoc, *op. cit.*, p. 48.

CHAPITRE II

LES BIENS COMMUNAUX AU XVIe ET AU XVIIe SIÈCLE

Laissant de côté la question de l'origine des biens des communes, signalons quelle fut vis-à-vis de ces biens, après le moyen âge, l'attitude des seigneurs.

S'il est vrai de dire que les seigneurs, par indulgence ou par nécessité, s'étaient montrés généreux vis-à-vis des agglomérations rurales, il faut bien reconnaître qu'avec le temps ils en vinrent à disputer la propriété communale et à l'accaparer. Soit par suite d'usages légués par la tradition, soit par suite d'envahissements injustes consacrés par le temps, les feudistes posèrent en principe que le seigneur aurait droit au tiers des biens des communautés, ce qu'on a appelé le *triage*. « Le triage, dit M. Viollet, et en général les restrictions apportées aux droits de pacage et d'usage dans les bois, ont été l'une des souffrances les plus senties, l'un des maux qui a excité sous l'ancien régime le plus de colères populaires. Conversions arbitraires des pâturages et des marais en terres labourables contre le vœu et l'intérêt des habitants, spoliations violentes, règlements tyranniques; aucune de ces vexations n'a été épargnée aux faibles et aux petits (1). »

A la faveur des désordres que les guerres de religion entretinrent au XVIe siècle, beaucoup de seigneurs trouvèrent expéditif de réclamer non seulement le tiers, mais la majeure partie, parfois la totalité des biens des communes (2).

Les officiers des justices seigneuriales se prêtaient volontiers aux exigences du seigneur, et les protestations des habitants de village étaient vite étouffées.

L'autorité royale, à diverses reprises, essaya d'arrêter ces abus.

Sous Charles IX, une déclaration du 27 avril 1567 est rendue sur les plaintes des habitants de la province de Bretagne. Cette déclaration enregistrée au Parlement de Bretagne le 11 août suivant porte : « que tous ceux des habitants de chaque paroisse et communauté seront tenus de remettre et rétablir les places vagues et pâtures en l'état qu'ils étaient avant l'édit de 1566, avec défense à toutes personnes de se les approprier et de s'en mettre en possession, au préjudice des sujets du roi et des communautés (3). »

(1) Paul Viollet, *Histoire du droit civil français*, 2e édit. p. 711.

(2) Voir E. de Laveleye, *De la propriété et de ses formes primitives*, ch. XXI, et les citations empruntées à Championnière, *De la propriété des eaux courantes*. Paris, 1846.

(3) La Poix de Fréminville, *Traité général du gouvernement, des biens et affaires des communautés d'habitants*, 1760, p. 10. — Cf.

Sous Henri III, les États généraux assemblés à Blois en 1576, ne manquèrent pas dans leurs doléances de réclamer contre les violences et les empiètements dont les pauvres gens et les villages étaient trop souvent victimes. Le Tiers-État exposait « que ce sont les habitants de ces communautés et de ce bas étage qui soutiennent et portent tout le poids des charges du royaume; que si on leur ôtait leurs communaux, on leur ôterait leurs aisances et leur richesse; que par ce moyen, ils ne seraient plus en état de supporter les charges et impositions de l'État; et enfin il fut représenté que non seulement les seigneurs, mais même les officiers et les personnes puissantes se prévalaient de la faiblesse des plus nécessiteux de ces communautés, toujours mal gouvernées par la jalousie et les intérêts particuliers de ceux qui les régissent et par la dissension et la division qui règne ordinairement entre eux... (1) ».

L'ordonnance de mai 1579 vint donner satisfaction à ces plaintes (2). Parmi les 363 articles de cette longue et importante ordonnance, nous transcrirons les articles 283 et 284 qui intéressent notre sujet.

Isambert, *Recueil général des anciennes lois françaises*. Paris, 1829, t. XIV, p. 220.

(1) Dupin, *Lois des communes*. Paris, 1823. Introduction, t. I, p. 167.

(2) Paris, mai 1579; *Ordonnance rendue sur les plaintes et doléances des États généraux assemblés à Blois en novembre 1576, relativement à la police générale du royaume*. (Isambert, t. XIV, p. 380 et suiv.)

Art. 283. « Et pour les continuelles plaintes que nous avons de plusieurs seigneurs, gentilshommes, et autres de notre royaume, qui ont travaillé et travaillent leurs sujets et habitants du plat pays où ils font résidence, par contributions de deniers ou grains, corvées ou autres semblables exactions indues, même sous la crainte des logements de gens de guerre, et mauvais traitements qu'ils leur font et font faire par leurs gens et serviteurs : enjoignons à nos baillifs et sénéchaux tenir la main à ce qu'aucun de nos dits sujets ne soient travaillés ni *opprimés par la puissance et violence des seigneurs*, gentilshommes ou autres, auxquels *défendons* les intimider, menacer ou excéder par eux ni autres, ni retirer et favoriser ceux qui les auraient excédés, ainsi se comporter envers eux modérément, poursuivre leurs droits par les voies ordinaires de justice, *sur peine d'être déclarés ignobles, roturiers, privés à jamais des droits qu'ils pourraient prétendre sur leurs dits sujets.* »

Art. 284. « Pareillement enjoignons à nosdits procureurs, faire informer diligemment et secrètement contre tous ceux qui de leur propre autorité ont ôté et soustrait les lettres, titres et autres enseignements de leurs sujets *pour s'accommoder des communes* dont ils jouissaient auparavant; ou, sous prétexte d'accord, les ont forcés de se soumettre à l'avis de telles personnes que bon leur a semblé et en faire poursuite diligente, *déclarant dès à présent telles soumissions, compromis, transactions ou sentences arbitrales ainsi faites, de nul effet.* »

Henri IV, par l'édit de mars 1600, Louis XIII, par l'ordonnance de janvier 1629, renouvelèrent les dispositions de l'ordonnance de Blois.

Édit de mars 1600. ART. 37 : « Ayant été contraints la plupart des habitants des paroisses de ce royaume vendre leurs usages et communes à fort vil prix, pour payer les tailles et autres grandes sommes de deniers qui se levaient avec violences sur eux durant les troubles, et bien souvent à ceux mêmes qui en avaient les assignations, voulons et ordonnons, quoique lesdites ventes aient été faites purement et sans rachat, qu'il soit loisible aux habitants de les retirer en remboursant le prix actuellement payé par les acquéreurs, dans quatre ans du jour de la publication des présentes (1). »

Ordonnance de janvier 1629. ART. 206 : « Nous voulons que lesdites défenses ayent lieu pour les seigneurs gentilshommes, qui usent de semblables exactions sur leurs hostes et tenanciers : leur défendant pareillement d'usurper les communes des villages et les appliquer à leur profit, les vendre, engager, ou bailler à cens, sous les peines portées par les ordonnances. Et si aucunes ont été usurpées, seront incontinent restituées... (2). »

(1) Isambert, *Recueil général des anciennes lois françaises*, t. XV, p. 237. (Édit portant règlement sur les tailles... et la rescision des ventes de biens communaux et usagers.)

(2) Isambert, *op. cit.*, t. XVI, p. 281. (Ordonnance sur les plain-

En dépit des règlements, les guerres désolant les campagnes, les communautés ruinées vendaient sans cesse leurs biens à vil prix pour satisfaire aux exactions des troupes amies et ennemies.

Les troubles de la Fronde occasionnèrent de véritables désastres dans la Picardie et surtout dans la Champagne. Les *Relations* des missionnaires de saint Vincent de Paul et les lettres de saint Vincent de Paul lui-même, contiennent à cet égard des détails navrants (1).

Dans ces circonstances, une ordonnance du 22 juin 1659 (2) fut rendue spécialement pour la généralité de Châlons portant « que les habitants des paroisses et communautés de *Champagne* rentreront de plein droit et de fait, sans aucune formalité de justice, dans les usages, bois communaux et autres biens par elles aliénés pour quelque cause et à quelque titre que ce puisse être... »

En voici du reste la teneur :

« Louis, etc. Ayant ci-devant considéré que notre province de Champagne avait été désolée par la longueur des guerres, par les passages de nos troupes, séjour de nos armées, prises et reprises d'aucunes villes d'icelle et de la frontière, et autres désordres qui auraient causé la ruine des bâti-

tes des États assemblés à Paris en 1614 et de l'Assemblée des notables réunis à Paris en 1617 et 1626.)

(1) Abbé Maynard, *Saint Vincent de Paul, sa vie, son temps*, t. IV, p. 159 et suiv. — Cf. Alphonse Feillet, *La misère au temps de la Fronde*, 4e édit. Paris, 1868.

(2) La Poix de Fréminville, *op. cit.*, p. 12. — Isambert, *Recueil général*, etc., t. XVII, p. 370.

ments de presque tous les villages, qui ce faisant auraient été désertés et les terres laissées en friche et sans culture; nous aurions pris des soins très particuliers de son rétablissement et du soulagement de nos pauvres sujets d'icelle, auxquels il aurait été fait beaucoup de progrès et d'avancements par la réformation des gabelles qui a été faite depuis quelques années, le prix du sel d'impôt qui était porté à des sommes immenses contre nos règlements et intentions ayant été réduit à la valeur qu'il devait être.....

« Mais étant connu par l'expérience et par la réflexion qui a été faite sur l'état de ladite province, qu'elle ne peut achever son rétablissement s'il ne lui est pourvu à un mal caché, et à une souffrance qui n'était pas d'abord remarquée en ce que la plupart des communautés et villages d'icelle ayant été tourmentés par plusieurs rencontres des temps, ont été portés à vendre et aliéner à des personnes puissantes, comme seigneurs des lieux, juges et magistrats, ou principaux habitants des villes, leurs biens, usages, bois et communaux — ce qu'il ne leur était pas licite de faire, sans notre permission et décret de justice, — et les ont vendus sans cause légitime, sans que les deniers aient été employés pour le bien et utilité des communautés, et à des sommes très modiques, en sorte que de la jouissance, les acquéreurs outre l'intérêt de leur argent, ont touché des profits considérables, *et bien souvent desdits prix n'a été touchée aucune chose bien qu'il soit écrit autrement, par la violence des acquéreurs, qui ont forcé les habitants de signer, sous de faux prétextes, des choses qui leur fussent dûes ou pour les gratifier.*

« Et d'autant que faute de jouir par les communautés des usages, bois communaux et autres biens par elles mal aliénés, elles sont hors d'état de se pouvoir rétablir entièrement et de nourrir du bestial qui est la plus grande utilité qu'elles puissent avoir pour payer la taille et amender leurs terres; que telles aliénations ne sont dans l'ordre; que la plupart ont été faites à vil prix, sans cause légitime ni utilité des communautés.

« Voulons que lesdites paroisses et communautés achèvent de se rétablir, et aient le secours qui leur est dû en cette rencontre, *comme étant réputées mineures*, et les remettre de plein droit et de fait dans lesdits usages, bois et biens par elles aliénés, à la charge de rembourser les acquéreurs dans dix ans par égales portions, du prix seulement qu'ils auront fourni, qui aura été converti à l'utilité desdites communautés, après que la liquidation aura été faite d'icelui et pendant lesdites années en payant l'intérêt au denier de l'ordonnance.

« A ces causes, etc... ordonnons par ces présentes, signées de notre main, que les habitants des paroisses et communautés de la généralité de Châlons, rentreront de *plein de droit et de fait sans aucune formalité de justice*, dans les usages, bois, communaux et autres biens, par elles aliénés depuis *vingt ans*, pour quelque cause et occasion, et à quelque titre que ce puisse être, à la charge de payer en dix années, en dix portions égales, le prix principal desdites aliénations faites pour causes légitimes et qui aura tourné au bien et utilité des communautés, suivant la liquidation qui en sera faite par le commissaire qui sera à ce député.

« Et voulons qu'à l'avenir nos anciennes ordonnances soient observées et que lesdites communautés ne puissent aliéner leurs usages sinon en conséquence de nos permissions et décrets de justice, lorsque les cas le requerront. Si donnons etc. »

Le mal, moins aigu par ailleurs, n'était pas cependant particulier à la Champagne; le désordre dans l'administration des communes était général.

Colbert, vers l'année 1663, envoya des commissaires dans toutes les provinces pour étudier la situation des communes (1). D'après les rapports qui résultèrent de cette enquête, Louis XIV étendit bientôt à toute la France les faveurs accordées tout d'abord à la Champagne; ce fut l'œuvre d'un édit donné à St-Germain-en-Laye au mois d'avril 1667.

(1) *Manuscrit de Colbert. (Biblioth. nat. Supplément français*, n° 3695, fol. 9, r°). « Pour commencer elle (Sa Majesté) nomma des conseillers de ses conseils, et par des arrests qu'elle donna elle mesme, elle ordonna aux maistres des requestes dans les provinces, de travailler à la vérification de toutes les debtes des communes..... » Fol. 9, v° « Elle a voulu que tous les procès-verbaux de liquidation fussent rapportés devant elle pour prononcer elle mesme avec l'advis de son conseil sur la validité ou invalidité de ces debtes... »

(Ce manuscrit a été publié en entier par M. Joubleau : *Études sur Colbert*. Paris 1856, t. II, p. 313).

Pour les détails voir : Depping, *Correspondance administrative sous le règne de Louis XIV* (t. I, p. 688 et 758; lettres du 29 oct. 1663 et du 2 sept. 1665).

Édit portant règlement général pour les communes et communaux des communautés laïques (1).

« Louis, etc... Entre les désordres causés par la licence de la guerre, la dissipation des biens des communautés a paru des plus grands : elle a été d'autant plus générale que les seigneurs, les officiers et les personnes puissantes se sont aisément prévalus de la faiblesse des plus nécessiteux, que les intérêts des communautés sont ordinairement les plus mal soutenus, et que rien n'est davantage exposé que ces biens dont chacun s'estime le maître.

« En effet quoique les usages et communes appartiennent au public, à un titre qui n'est ni moins favorable ni moins privilégié que celui des autres communautés qui se maintiennent dans leur biens par l'incapacité de les aliéner sinon en des cas singuliers et extraordinaires et *toujours à faculté de regret;* néanmoins l'on a partagé ces communes, chacun s'en est accommodé selon sa bienséance et pour en dépouiller les communautés, l'on s'est servi de dettes simulées et abusé pour cet effet des formes les plus régulières de la justice.

« Aussi ces communes qui avaient été concédées par forme d'usage seulement, *pour demeurer inséparablement attachées aux habitations des*

(1) La Poix de Fréminville, *op. cit.*, p. 16 et suiv. — Isambert, *Recueil général*, etc... t. XVIII, p. 187.

lieux, pour donner moyen aux habitants de nourrir des bestiaux et de fertiliser leurs terres par les engrais et plusieurs autres usages, en ayant été aliénés, les habitants étant privés des moyens de faire subsister leurs familles ont été forcés d'abandonner leurs maisons ; et par cet abandonnement les bestiaux ont péri, les terres sont demeurées incultes, les manufactures et le commerce en ont souffert, et le public en a reçu des préjudices très considérables.

« Et comme l'amour paternel que nous avons pour tous nos sujets nous fait porter nos soins partout, que la considération que nous faisons des uns n'empêche pas que nous ne fassions réflexion sur les autres, que nous n'avons rien davantage à cœur que de garantir les plus faibles de l'oppression des plus puissants, et de faire trouver aux plus nécessiteux du soulagement dans leurs misères ; nous avons estimé que nous ne pouvions employer de moyen plus convenable à cet effet que celui de faire rentrer les communautés dans leurs usages et communes aliénés et leur donner moyen d'acquitter leurs dettes légitimes.

« Et d'autant qu'il serait impossible de rétablir la culture des terres et de les améliorer par les engrais en laissant les bestiaux sujets aux saisies de tous les créanciers particuliers sans distinction, qu'en les exemptant pour un temps des exécutions, les débiteurs deviendront plus accommodés, les terres produiront davantage et chacun en recevra de notables commodités.

« A ces causes... etc...., voulons et nous plaît (1) :

« ART. I. — Que dans un mois à compter du jour de la publication des présentes, les habitants des paroisses et communautés, dans toute l'étendue de notre royaume rentrent *sans aucune formalité de justice* dans les fonds, prés, pâturages, bois, terres, usages, communes, communaux, droits et autres biens communs, par eux vendus, ou baillés à baux à cens ou emphytéotiques, depuis l'année 1620, pour quelque cause et occasion que ce puisse être, même à titre d'échange, en rendant toutefois en cas d'échange les héritages échangés.

« ART. II. — Et à l'égard des autres aliénations en payant et remboursant aux acquéreurs dans dix ans, en dix payements égaux, d'année en année, le prix principal desdites aliénations faites pour causes légitimes et qui aura tourné au bien et utilité desdites communautés, suivant la liquidation qui en sera faite par les commissaires qui seront à ce par nous députés ; et cependant l'intérêt à raison du denier vingt-quatre qui diminuera à proportion des payements qui seront faits.

« ART. III. — Sans que les créanciers des communautés, même ceux qui se trouveront créanciers pour raison du remboursement du prix pour lequel les communes auront été aliénées, puissent faire saisir lesdites communes, ni en faire faire

(1) Nous suivons la division en articles telle qu'elle a été faite par La Poix de Fréminville.

bail judiciaire, ni s'en faire adjuger les fruits ou la jouissance à quelque titre ou sous quelque prétexte que ce soit, en justice ou pour convention faite par les habitants, à peine de perte de leur dû, et de dix mille livres d'amende.

. . . .

« Art. VII. — Et seront tenus tous les seigneurs prétendants droit de *tiers* dans les usages, communes et communaux des communautés, ou qui auront fait faire le *triage* à leur profit, depuis l'année 1630, d'en abandonner et de laisser la libre et entière possession au profit desdites communautés, nonobstant tous contrats, transactions, arrêts, jugements et autres choses au contraire.

« Art. VIII. — Et au regard des seigneurs qui se trouveront en possession desdits usages auparavant lesdites trente années, sous prétexte dudit *tiers*, ils seront tenus de représenter le titre de leur possession pardevant les commissaires à ce députés, pour, en connaissance de cause y être pourvu.

« Art. IX. — Et en cas que lesdits seigneurs soient et demeurent maintenus dans lesdits *tiers*, ne pourront eux ni leurs fermiers user comme les autres habitants des pâturages, bois, communes et autres usages, à peine de réunion de la portion qui leur aura été assignée pour leur triage.

« Art. X. — Et au moyen de ce que dessus, faisons très expresses *inhibitions* et *défenses* à toutes personnes de quelque qualité et condition qu'elles soient, de troubler, ni inquiéter les habitants desdites communautés dans la pleine et entière possession de leurs biens communs.

« Art. XI. — Et auxdits habitants, de plus aliéner leurs usages et communes, sous quelque cause et prétexte que ce puisse être, nonobstant toutes permissions qu'ils pourraient obtenir à cet effet, à peine contre les consuls, échevins, procureurs, syndics, et autres personnes chargées des affaires desdites communautés, qui auront passé les contrats ou assisté aux délibérations qui auront été tenues à cet effet, de trois milles livres d'amende, au payement de laquelle ils seront solidairement contraints au profit des hôpitaux généraux des lieux, de nullité des contrats, et de perte du prix contre les acquéreurs, qui sera délivré pareillement auxdits hôpitaux.

« Art. XII. — Et pour traiter d'autant plus favorablement les communautés, nous les avons confirmées et confirmons par ces présentes dans la possession et jouissance des usages et communes qui leur ont été concédées par les rois nos prédécesseurs et par nous; *même leur remettons le droit de tiers qui nous pourrait appartenir dans lesdits usages et communes.* »

. . . .

En résumé, les ordonnances et édits que nous venons de rappeler, accordaient aux communes deux actions pour rentrer dans la possession de leurs communaux.

« La perte des usages communaux, dit M. Latruffe-Montmeylian (1), naissait de deux causes : 1° du fait des seigneurs qui s'en étaient emparés par violence ou par fraude; 2° de l'obligation où avaient été les communes d'aliéner leurs propriétés en temps de guerre pour subvenir aux charges excessives qui pesaient sur elles. Pour les restituer en entier dans tous leurs droits, on leur ouvrit deux actions distinctes, savoir : dans le cas d'usurpation, l'*action en revendication* dont parle l'article 283 de l'ordonnance de 1579; et dans le cas de vente, l'*action en regret ou rachat* créée par l'édit de Henri IV du mois de mars 1600, et qui fut dès lors considérée comme une condition légale et tacite de toutes les aliénations des biens communaux ».

L'ordonnance d'avril 1667 confirme la faculté de *regret*, permettant même « la *réintégration de fait et sans aucune formalité de justice* » des biens vendus depuis 1620 (art. 1).

Cette clause, renouvelée de la déclaration de 1659, autorisait la violence et les abus; aussi dès le 14 juillet 1667, un arrêt du conseil rendu sur le rapport de Colbert, décida plus équitablement que les habitants des communautés « seront tenus avant de se mettre en possession, de présenter leurs requêtes aux sieurs commissaires départis dans les provinces... (2). »

(1) Latruffe-Montmeylian, *Des droits des communes sur les biens communaux*. Paris, 1826, t. II. Introduction, p. 38.

(2) Bourgerel de Fontiennes, *Recueil d'arrêts*, t. IV, p. 912. — Cf. Latruffe-Montmeylian, *Des droits des communes sur les biens communaux*, t. I, p. 214 et t. II, p. 63.

L'action en *revendication* est autorisée également pour tous les triages exécutés depuis 1630 (art. 7). Le triage est supprimé pour l'avenir.

Cet « avenir » ne fut pas de longue durée. Les réclamations des seigneurs se firent entendre si fortes et si unanimes que, deux années plus tard, le pouvoir royal cédait, et par l'ordonnance des eaux et forêts d'août 1669, rétablissait le triage, le réglementant toutefois d'une façon assez étroite.

« Une chose certaine dans le fait, nous dit La Poix de Fréminville, c'est que ce n'a pas été *motu proprio* de Louis XIV que le droit de triage a été inséré dans l'ordonnance de 1669 (1). »

Édit portant règlement général pour les eaux et forêts (Saint-Germain-en-Laye, août 1669).

« TITRE XXV (2). — ART. 4. — Si néanmoins les bois étaient de la concession gratuite des seigneurs, sans charge d'aucuns cens, redevance, prestation ou servitude, le tiers en pourra être distrait et séparé à leur profit en cas qu'ils le demandent et que les deux autres suffisent pour l'usage de la paroisse; sinon le partage n'aura lieu, mais les seigneurs et les habitants jouiront en commun comme auparavant. Ce qui sera pareillement ob-

(1) La Poix de Fréminville, *Dictionnaire des droits féodaux*, ou *Les vrais principes des fiefs en forme de dictionnaire*. Paris, 1769, t. II, p. 232.

(2) Isambert, *Recueil général des anciennes lois françaises*, t. XVIII, p. 280.

servé pour les prés, marais, îles, pâtis, landes, bruyères et grasses pâtures, où les seigneurs n'auront autre droit que l'usage, et d'envoyer leurs bestiaux en pâture comme premiers habitants, sans parts ni triages, s'ils ne sont de leur concession, sans prestation, redevance ou servitude.

« Art. 5. — La concession ne pourra être réputée gratuite de la part des seigneurs, si les habitants justifient du contraire par l'acquisition qu'ils en ont faite, et s'ils ne sont tenus d'aucune charge; mais s'ils en faisaient ou payaient quelque reconnaissance en argent, corvées ou autrement, la concession passera pour onéreuse, quoique les habitants n'en montrent pas le titre et empêchera toutes distractions au profit des seigneurs qui jouiront seulement de leurs usages et chauffages, ainsi qu'il est accoutumé.

« Art. 6. — Les seigneurs qui auront leurs triages, ne pourront rien prétendre à la part des habitants et n'y auront aucun droit d'usage, chauffage ou pâturage, pour eux ni leurs fermiers, domestiques, chevaux et bestiaux; mais elle demeurera à la communauté, franche et déchargée de tout autre usage et servitude. »

Ainsi donc, le triage d'après l'ordonnance de 1669, ne pouvait avoir lieu qu'à deux conditions presque irréalisables (1), puisqu'il fallait non seulement qu'à l'origine la concession des terrains

(1) On trouvera dans Latruffe-Montmeylian, *op. cit.* (t. 1, p. 236), un commentaire très précis sur le triage de l'ordonnance de 1669.

communs fût *gratuite*, « sans charge d'aucuns cens, redevance, prestation ou servitude », mais encore que les deux tiers restant à la commune fussent suffisants pour ses besoins, besoins assurément difficiles à évaluer, et en tous cas bien variables.

« La raison du plus fort est toujours la meilleure. »

Le triage continua à être exercé par les seigneurs jusqu'à la Révolution avec une facilité déplorable, au mépris de l'ordonnance de 1669. La royauté laissait faire, souvent même donnait une sanction légale aux entreprises de la cupidité et de la force. C'est ainsi que les lettres patentes du 27 mars 1717 pour la Flandre, permirent le triage sur les communaux concédés *à titre gratuit ou à titre onéreux, indistinctement* (art. 1). Les lettres patentes du 13 novembre 1779 pour l'Artois, autorisèrent un triage d'un *sixième*, etc... (1).

Un édit d'avril 1683 renouvela encore la prohibition d'aliéner les communaux : «... Défendons expressément aux habitants desdites villes et gros bourgs fermés de faire aucunes ventes ni aliénations de leurs biens patrimoniaux, communaux d'octroi, ni d'emprunter aucuns deniers pour quelque cause et sous quelque prétexte que ce puisse être, si ce n'est en cas de peste, logement et ustensiles des troupes, et réédifications des nefs des

(1) Le Gentil, *Traité historique, théorique et pratique de la législation des portions communales ou ménagères.* Paris, 1854, p. 198 et suiv. et p. 276 et 291.

églises tombées par vétusté ou incendie (1). »

En fait, sous la pression de la nécessité, les communautés, malgré les édits, vendaient ou engageaient sans cesse leur patrimoine.

Et l'autorité royale elle-même, quel exemple donna-t-elle?

Croira-t-on que la même main qui avait signé l'ordonnance de 1667, en vint par des édits bursaux publiés en 1677 et 1702, à confirmer les aliénations illégales des biens communaux, sous la condition que les détenteurs de ces propriétés verseraient dans le trésor royal la sixième ou la huitième partie de leur valeur!

« Bien que les auteurs, conclut M. Cauchy (2), fassent observer que ces lois bursales motivées sur les besoins du moment *ne peuvent prévaloir contre les principes* (3), il n'en est pas moins vrai que plus la condamnation de l'abus avait été solennelle, plus la tolérance intéressée du législateur encourageait à renouveler les mêmes entreprises qu'il avait flétries. »

(1) Isambert, *Recueil général des anciennes lois françaises*, t. XIX, p. 422. (Édit portant règlement pour les dettes des communautés. Versailles, avril 1683).

(2) Eugène Cauchy, *De la propriété communale*. Paris, 1848, p. 18.

(3) La Poix de Fréminville, *Pratique des terriers*, t. III, p. 283.

CHAPITRE III

LES BIENS COMMUNAUX AU XVIIIe SIÈCLE

Un principe a été suivi jusqu'alors par les édits que nous venons de rappeler dans le chapitre précédent. Ce principe est celui-ci : la communauté n'est propriétaire des communaux qu'à charge de les conserver en nature pour en transmettre la jouissance aux générations à venir; et la puissance publique a le droit et le devoir de veiller à la stricte conservation de ces biens.

« Les maires, syndics et échevins des communautés, les habitants eux-mêmes, écrivait Henrion de Pansey, ne sont que les administrateurs des biens communaux. Ils en doivent compte à ceux qui viendront après eux ; ils doivent les conserver comme un dépôt sacré. Ces futurs habitants ont en effet une vocation directe dans le titre primitif : ce n'est pas à tels ou tels individus que le bien commun appartient, mais à la communauté, corps immortel composé de ceux qui n'existent pas encore comme des habitants actuels (1). »

(1) Henrion de Pansey, *Dissertations féodales*, 1789, t. I, p. 449 et 450.

Cette idée si vraie et si juste, fut abandonnée en partie, dans la seconde moitié du dix-huitième siècle.

A cette époque, où « *l'exagération des intérêts de l'individu* (1) » pesait sur les idées, on voulut obtenir un rendement meilleur des terres communes en les partageant entre les habitants et même en les aliénant.

Voici ce que nous lisons dans un mémoire du temps : « Quelque forme d'administration qu'on puisse proposer pour les biens dont la jouissance est commune entre des personnes dont les intérêts sont toujours divisés, elle sera nécessairement vicieuse ; l'esprit de propriété fait seul naître l'industrie et seul il restreint l'avidité de jouir et la soumet aux règles d'une sage économie (2). »

Le partage de propriété entre les habitants ou l'aliénation était une mesure radicale : la confiscation du patrimoine séculaire au profit d'une génération.

Le partage de jouissance même héréditaire était

(1) Roscher, *Traité d'économie politique rurale.* Paris, 1888, § 81, p. 321.

(2) *Traité politique et économique des communes*, ou *Observations sur l'agriculture*, etc... Paris, 1770, ch. v. p. 82. (Mémoire publié par le comte d'Essuiles. — *Bibl. nat.* S. 19.009.) Ce mémoire répandu en Artois aux frais des partisans du triage est entaché de partialité. Sur la question du triage notamment, ce n'est qu'un plaidoyer. Mais ce fut un plaidoyer heureux : le triage, nous l'avons dit, fut rétabli dans l'Artois en 1779, malgré et contre l'ordonnance de 1669. — Voir à ce sujet : Le Gentil, *Traité historique, théorique et pratique de la législation des portions communales ou ménagères*. Paris, 1854, p. 201.

bien plus juste et tout aussi efficace. Il fut heureusement adopté dans quelques provinces, la Flandre et l'Artois notamment.

Dans la plus grande partie de l'Europe, des mesures étaient prises presque simultanément pour diminuer ou même faire disparaître la propriété commune.

Dès 1730, un bill du parlement anglais autorisa les partages de communaux (1). « Il y eut des partages de 1.439 acres sous la reine Anne; 17.660 sous George Ier; 318.778 sous George II; 2.804.000 sous George III jusqu'en 1797 (2). »

En Autriche, l'impératrice Marie-Thérèse reine de Hongrie et de Bohême « accorda en 1767 aux vœux réitérés de ses sujets de la Basse-Autriche la liberté de partager leurs communaux (3). »

En Allemagne, Frédéric le Grand décréta le partage des communaux par des règlements en date du 21 octobre 1769 pour les anciennes provinces de la monarchie et du 14 avril 1771 pour la Silésie.

Sous Marie-Thérèse et Joseph II, le gouverneur du Milanais, Firmien, ordonna à chaque commune d'abandonner ces communaux incultes à tout prix, contre une somme une fois payée ou une rente perpétuelle, au plus offrant des enché-

(1) Dareste de la Chavanne, *Hist. des classes agricoles en France*, 2e édit. p. 383.

(2) Roscher, *op. cit.*, §81, p. 322.

(3) *Traité politique et économique des communes* (c[te] d'Essuiles). Paris 1770, p. 342.

risseurs qui se chargerait de les défricher (1).

En France, trois arrêts du Conseil (28 octobre 1771, 9 mai 1773, 26 octobre 1777) autorisent les communes des généralités d'Auch et de Pau à partager leurs biens entre les ménages, à la charge d'une redevance au profit de la commune (Merlin, *Répertoire* v° *Marais*).

Un édit de juin 1769 (2) permit aux paroisses de la province des Trois-Évêchés des partages héréditaires de biens communaux, avec retour du lot à la commune en cas d'extinction de la famille.

La même faculté fut accordée à toutes les communautés de la province de Bourgogne, comtés de Maconnais, Auxerrois et Bar-sur-Seine, et pays du Bugey et de Gex, par un édit de janvier 1774.

De même en Alsace par un arrêt du Conseil du 15 avril 1774, en Flandre par lettres patentes du 27 mars 1777 (3), en Artois par lettres patentes du 25 février 1779 (4).

Les habitants qui jouissaient ainsi des lots de biens communaux, n'étaient assujettis à aucune redevance envers la communauté. Le partage

(1) Roscher, *op.* et *loc. cit.*

(2) L'édit est bien de juin 1769 et non de juillet 1762, comme l'ont répété certains auteurs modernes qui sur cette question spéciale ont trancrit le renseignement inexact donné par Merlin. (Merlin, *Répertoire universel et raisonné de jurisprudence*. Paris, 1827, v° *Marais*. — Ducrocq, *Cours de droit administratif*, 6e édit., t. II, n° 1434, p. 592... etc., etc.)

(3) Par exception, les lots en Flandre étaient *viagers* et non héréditaires.

(4) Merlin et les auteurs qui l'ont suivi, indiquent à tort la date du 13 novembre 1779.

avait lieu par feu. La portion échue à l'habitant était déclarée inaliénable, indivisible, insaisissable.

Ces partages, tout en maintenant à la commune la propriété des communaux, tendaient à améliorer ces biens par l'appropriation individuelle. Un résultat économique d'un ordre plus élevé était atteint également. Ces portions de terre *inaliénables* et *insaisissables*, attachées à la maison et à la chaumière, favorisaient la famille et contribuaient à apporter dans tous les foyers une aisance relative (1). Saluons en passant ces institutions qui ont réalisé peut-être le rêve le plus cher de bien des économistes.

Nous ne pouvons entrer ici dans le détail de la législation des allotissements ou portions ménagères. Contentons-nous de renvoyer aux ouvrages qui ont traité spécialement cette matière dont l'intérêt est encore actuel (2). Toutefois, ces édits et arrêts n'ayant jamais été réunis dans une même publication ou n'ayant pas toujours été publiés intégralement, nous en donnerons le texte d'après

(1) « Dans les villes du Holstein, les terres communales furent affectées en 1779, par un partage, aux maisons comme une appartenance indissoluble, afin que chaque bourgeois fût mis en état de produire lui-même ce dont il avait besoin pour sa subsistance. » (Roscher, *Traité d'économie politique rurale*, 1888, p. 337.)

(2) Pierre Legrand, *Législation des portions ménagères*. Lille, 1850. — Le Gentil, *Traité historique, théorique et pratique de la législation des portions communales ou ménagères*. Paris 1854. — Ernest-Passez, *Les portions ménagères et communales en France et à l'étranger*. (Extrait de la *Revue générale d'administration*, 1888.)

les documents originaux que nous avons pu retrouver (1).

Les partages de communaux au dix-huitième siècle ne furent pas toujours des allotissements de jouissance. On trouve aussi des partages en propriété. Trois arrêts du Conseil des 28 octobre 1771, 9 mai 1773 et 26 octobre 1777, permirent dans les généralités d'Auch et de Pau, le partage des communaux par ménage « pour les lots être possédés en propriété incommutable ».

La commune était complètement dépouillée; on imposait seulement aux copartageants « une redevance au profit des habitants en commun ».

S'il est vrai de dire que l'opinion publique en général était favorable au partage des communaux, il faut bien constater, chose remarquable, que ce sentiment n'était pas toujours celui des petites gens.

Déjà, au dix-septième siècle, les États de Bretagne s'étaient opposés vivement à l'afféagement des terres vaines. « Les terres vaines, disait-on, sont nécessaires aux pauvres gens pour nourrir les bestiaux qui les font vivre (2). »

En 1779, l'assemblée provinciale du Rouergue et du Quercy propose le partage des communaux (3).

(1) Voir : *Pièces justificatives*, à la fin de ce travail.

(2) A. du Chatellier, *L'agriculture et les classes agricoles de la Bretagne*. Paris, 1863, ch. VII, p. 110.

(3) De Lavergne, *Les assemblées provinciales sous Louis XVI*. Paris, 1864, p. 82. — Un rapport présenté en 1787 à l'assemblée provinciale tenue à Rouen, demande aussi le partage des communes. (Semichon, *Les réformes sous Louis XVI*. Paris, 1876, p. 233 et suiv.)

Mais à la même époque, en Lorraine, un auteur consciencieux exprime déjà quelques réserves au sujet de l'application de l'édit de 1769. « Le partage des communes, dit-il, a été fait et autorisé en beaucoup d'endroits; il donne à chaque habitant la possession d'un petit terrain qu'il cultive avec plaisir parce qu'on ne saurait la lui ôter et qu'elle est transmissible à sa veuve, à son aîné, tant qu'ils demeurent dans le même lieu, ce qui empêche l'émigration et le changement continuel de domicile, *mais il ne faut partager que ce qui est partageable et cultivable et laisser en commun ce qui ne l'est pas* (1). »

En 1787, l'assemblée provinciale des duchés de Lorraine et de Bar enregiste les plaintes des « *laboureurs* » contre le partage des communaux. « Dans le bailliage de Mirecourt, dit le procès-verbal, vingt-cinq communautés se sont adressées au Parlement pour supplier que leurs pâquis resteront dans leur état accoutumé (2). »

« Le partage des communaux, écrit M. de Calonne (3), qui avait donné d'excellents résultats dans la généralité de Soissons, fut inauguré sans succès ailleurs à cause de l'opposition des ména-

(1) Durival, *Description de la Lorraine et du Barrois*. Nancy, 1779, t. I, p. 291.

(2) *Procès-verbal des séances de l'assemblée provinciale des duchés de Lorraine et de Bar, ouverte à Nancy au mois de novembre 1787*. Nancy, 1788, p. 278.

(3) Baron A. de Calonne, *La vie agricole sous l'ancien régime dans le nord de la France*. Paris, 1885, chap. VII, p. 139.

gers. Ceux-ci avaient effectivement intérêt à les conserver pour y mener les vaches dont le lait et le beurre étaient les douceurs ordinaires de leur ménage. (*Archives de la Somme*, C. 147.)

En Artois, le partage n'avait point été accueilli partout avec la même faveur. Les villages de Courrières, de Sanghem, d'Annay et d'autres encore qui ne devaient qu'à l'attrait de leurs communaux d'avoir vu se développer une population relativement considérable, perdaient beaucoup à la division parce que le nombre des bestiaux diminuait aussitôt. On allait jusqu'à prétendre qu'un terroir composé de mille arpents de bonne terre sans biens communaux produirait infiniment moins de bestiaux que le terroir d'une paroisse voisine composé de mille arpents de mauvaise terre avec cent cinquante arpents de communaux. »

Cependant les économistes et les jurisconsultes réclamaient le partage et n'hésitaient pas à demander même la suppression des communaux (1).

Nous retrouvons dans l'ouvrage de M. de Lavergne sur l'*Économie rurale de la France*, une citation curieuse du mémoire du comte d'Essuiles (2).

« On ne peut voir sans regret, dit l'auteur, à trois lieues de la capitale, de vastes marais sans

(1) Voir le *factum* intitulé : *Le produit et le droit des communes*, par un honoraire des Académies des sciences d'Amiens, d'Arras, etc... Paris, 1783.

(2) Comte d'Essuiles, *Traité des communes*, 1778, cité par de Lavergne, *Économie rurale de la France*. Paris, 1877. 4e édit., p. 110.

cesse inondés parce qu'ils sont communs, ne pas porter dans l'année entière une bonne botte de foin et nourrir difficilement un petit nombre de bestiaux de rebut. Ces cloaques immenses, dont l'infection répand des maladies sans nombre, deviendraient entre les mains des particuliers des prés fertiles, des jardinages précieux; ils seraient desséchés, ils occuperaient un grand nombre de cultivateurs; la capitale en recevrait un plus grand surcroît de denrées; enfin l'air deviendrait salubre dans ces villages infortunés où cette possession fatale ne produit que des maux, de la misère et la désertion des habitants. »

On reconnaît l'écho de ces idées dans le *Commentaire de la coutume d'Auvergne* de Chabrol, qui voulait voir étendre à l'Auvergne les dispositions de l'édit de 1769.

« Si on jette les yeux sur les communaux, disait-il, on n'aperçoit de toute part que des friches couvertes de fougère, où il croît avec peine quelques plantes épuisées et de mauvaise qualité; ou ce sont des lieux inondés, dépôt et réceptacle des eaux des environs qui n'ont aucun écoulement; on y introduit quelques bestiaux, et bientôt après, ces pâturages n'ont plus d'utilité présente... En un mot, c'est une vérité certaine que ce qu'on appelle communal est un bien entièrement perdu pour l'État, presque inutile aux habitants à qui il appartient, et souvent pernicieux pour eux (à cause de la communication des maladies contagieuses dont les bestiaux peuvent être atteints)... Si les communaux étaient partagés et devenaient des biens particuliers, la valeur du sol et le produit augmenteraient sans proportion par le secours de la charrue et des engrais; on verrait succéder des récoltes abondantes à un produit presque nul... (1). »

Nous ne multiplierons pas davantage ces citations. Nous voulons arrêter ici nos recherches sur les communaux sous l'ancien régime.

Devant les prétentions abusives des seigneurs au seizième et au dix-septième siècle, devant les idées nouvelles du dix-huitième siècle, nous retrouvons toujours l'attachement des populations rurales à leurs biens communaux. Nous allons voir bientôt cet attachement obstiné, triompher des mesures que la Révolution prendra pour anéantir le domaine communal. Les mœurs sont plus fortes que les enseignements et que les lois.

(1) Chabrol, *Commentaire de la coutume d'Auvergne* (tit. XXVIII, art. 3), t. III, p. 552. (Cité par M. Aucoc, *Des sections de commune*, 2e édit., p. 433.)

CHAPITRE IV

LA PÉRIODE RÉVOLUTIONNAIRE

Les lois de la période révolutionnaire qui se rapportent au patrimoine communal, tirent toutes leur origine et leur but de préoccupations étrangères aux intérêts de la commune. Voilà pourquoi, à des mesures qui augmenteront sensiblement le patrimoine communal, succéderont aussitôt des dispositions légales qui tendront directement à anéantir le legs des siècles et des générations passées.

I

Les cahiers des États généraux de 1789 contiennent les vœux les plus divers relativement aux biens communaux.

Le Tiers-État réclame surtout la réintégration des biens usurpés (1) ou aliénés, puis la suppression

(1) M. Doniol signale ce fait d'après les documents originaux des Archives de France (*Série* D.) :

« Dans tous les pays de bois ou de pâture, écrit-il, l'usurpation des terres communes ou des usages des habitants par violence ou par fraude, est particulièrement alléguée : la Bretagne, les bords du triage, enfin quelquefois le partage. La noblesse et le clergé demandent plus unanimement le partage des biens communaux, probablement avec l'arrière-pensée que cette opération leur sera avantageuse, et que la part du lion leur sera faite (1).

La Révolution va bientôt combler ces vœux.

La loi du 4 août 1789 prononce la destruction du régime féodal et la suppression des justices seigneuriales (art. 1 et 4). Les prémisses sont posées, voyons les conséquences.

1° *Suppression du triage et du tiers-denier.*

Sur le rapport de Merlin (2), une loi des 15 et 28 mars 1790 relative aux droits féodaux, prononça l'abolition du droit de triage pour l'avenir (tit. II, art. 30). Elle révoqua même au profit des communes tous les triages faits depuis trente ans, hors des cas permis par l'ordonnance de 1669. Les communautés avaient un délai de cinq années pour faire valoir leurs droits nouveaux devant les tribunaux (id., art. 31).

La loi des 28 août-14 septembre 1792 alla plus

du Rhin et de la Meuse, les plateaux de Bourgogne et de Franche-Comté, la Provence, le Centre, font notamment entendre, avec une intensité caractéristique, ces plaintes tant de fois produites depuis le treizième siècle. » (Doniol, *Histoire des classes rurales en France*, 2e édit., p. 495).

(1) On trouvera un résumé de ces vœux dans : *Cahiers de doléances des bailliages*, 3 vol. in-8°. Paris, 1789. — Un grand nombre de documents originaux ont été publiés récemment : Mavidal et Laurent, *Cahiers des États généraux*. Paris, 1875, 7 vol. in-8°. Voir surtout la table, t. VII, p. 172.

(2) Merlin, *Répertoire*, v° *Triage*. — Cf. Latruffe-Montmeylian, *Des droits des communes*, t. I, p. 169.

loin encore. Elle révoqua tous les triages exécutés depuis 1669, même ceux qui l'avaient été régulièrement et conformément à l'ordonnance d'août de cette année. Le même délai de cinq années était donné aux communautés pour faire déclarer leur propriété par les tribunaux (art. 1er).

Dans la Lorraine et le Barrois, les ducs et les seigneurs hauts justiciers pouvaient revendiquer le *tiers-denier* (1) des ventes extraordinaires faites par les habitants des communes après satisfaction de leurs besoins; lesdites ventes ayant pour objet des coupes de bois ou des récoltes d'herbes, sur des terrains dont les communes étaient soit usagères, soit propriétaires.

L'article 32 de la loi des 15-28 mars 1790 a aboli le tiers-denier à l'égard des bois et autres biens possédés en propriété par les communautés. Mais il a maintenu ce droit sur le prix de vente des biens dont les communautés n'étaient qu'usagères.

Aujourd'hui encore, l'État, successeur des ducs de Lorraine, peut donc réclamer le tiers-denier aux communes qui exercent dans les forêts domaniales des usages concédés par les ducs (2). Il est regrettable que le *tiers-denier* ait survécu ainsi partiellement au naufrage qui a englouti si juste-

(1) Cf. Guyot, *Répertoire*, XVII, 195. — Costé, *Dissertation sur le droit de tiers-denier en Lorraine.* (Nancy, 1840). — Proudhon, *Traité des droits d'usage*, 1848, t. II, tit. III, ch. V. — Merlin, *Répertoire*, v° *Tiers-denier*.

(2) Voy. Dalloz, *Code administratif annoté*, v°. *Commune*, n° 6522, et *Code forestier annoté*, art. 63, n° 109 et suiv.

ment le *triage*. Aussi bien, n'était-il pas lui aussi un droit féodal?

2° *Réintégration des communes dans leurs biens.*

La loi du 28 août 1792 contenait encore d'autres dispositions importantes; son intitulé prouve assez son intérêt : « *Décret relatif au rétablissement des communes et des citoyens dans les propriétés et droits dont ils ont été dépouillés par l'effet de la puissance féodale.* »

Aux termes de l'article 8, « les communes qui justifieront avoir anciennement possédé des biens ou droits d'usage quelconques, dont elles auraient été dépouillées en totalité ou en partie par les ci-devant seigneurs, pourront se faire réintégrer dans la propriété et possession desdits biens ou droits d'usage, nonobstant tous édits, déclarations, arrêts du Conseil, lettres patentes, jugements, transactions et possessions contraires, à moins que les ci-devant seigneurs ne représentent un acte authentique qui constate qu'ils ont légitimement acheté lesdits biens ».

Pour bénéficier de cette disposition de la loi, la commune doit prouver :

1° Qu'elle était propriétaire de la totalité des biens qu'elle revendique. A défaut de titres, la commune doit montrer qu'elle a possédé les biens *animo domini*, à titre non précaire, en un mot avec les conditions voulues et pendant le temps requis pour la prescription (1).

(1) Cassation, 12 mai 1852 (Dalloz, 53, 1, 99); 1er fév. 1853, Dalloz, 53, 1, 79.

2° Qu'elle a été dépouillée par l'effet de la puissance féodale (1).

Le double fait de l'ancienne possession de la commune et de sa dépossession par abus de la puissance féodale, doit être constaté dans le jugement; de plus, il ne doit pas être contredit par les pièces de la procédure et les circonstances de la cause. Du reste, cette action en réintégration ne peut être formée que contre le seigneur ou ses représentants et non contre des tiers acquéreurs. Ce sont, en effet, uniquement les abus de la puissance féodale que la loi a voulu réprimer. La loi ne fixe aucune limite à la rétroactivité de l'article 8; l'usurpation, si ancienne qu'elle soit, peut être atteinte (2). Mais l'action ouverte aux communes est soumise à la prescription de droit commun. Après le laps de temps de trente ans, les communes qui n'ont pas repris possession des terrains usurpés ou même qui ont continué à détenir ces terrains comme usagères, ne sont plus recevables à faire la preuve de l'usurpation (3).

3° *Droits des communes sur les terres vaines et vagues.*

Il était de principe sous l'ancien régime que les seigneurs hauts justiciers eussent le droit de dis-

(1) Cass., 1er fév. 1853, Dalloz, 53, 1, 79; Grenoble, 22 juin 1856, Dalloz, 56, 2,282. — Dalloz, *Rép.* v^is *Commune*, n° 1980 et suiv. — Supplément, n° 1030 et suiv.

(2) Cassation, 24 fév. 1807.

(3) Grenoble, 22 juin 1854; Dalloz, 56, 2, 282. — Cassation, 3 fév. 1857; Dalloz, 57, 1, 357.

poser des terres vaines et vagues. En retour de ce droit, les seigneurs étaient chargés des appointements de leurs juges, de l'entretien des prisons, de la nourriture des enfants trouvés, des frais de justice criminelle (1).

La loi du 4 août 1789, en abolissant les justices et les droits féodaux, fit tomber du même coup les privilèges et les charges.

Il y avait donc lieu de déterminer légalement quels seraient les nouveaux maîtres des terres vagues.

La loi des 13-20 avril 1791 enleva aux ci-devant seigneurs le droit de s'approprier à l'avenir les terres vaines (tit. I, art. 7 et 8).

La loi du 28 août-14 septembre 1792 fit plus, en déclarant que « les terres vaines et vagues ou gastes, landes, biens hermes ou vacans, garrigues, dont les communautés ne pourraient pas justifier avoir été en possession, *sont censés leur appartenir* et leur seront adjugés par les tribunaux, si elles forment leur action dans le délai de cinq ans... » (art. 9). Les seigneurs étaient toutefois admis à prouver leur propriété par titre, ou par possession exclusive continuée paisiblement pendant quarante ans.

Ce ne fut pas assez encore. Une loi du 10 juin 1793, décida que tous les biens vagues connus «... sous une dénomination quelconque, *sont* et *appar-*

(1) Henrion de Pansey, *Des biens communaux*, 2e édit. Paris. 1825, ch. II, p. 4. — Voir sur l'origine de ce droit la discussion de Championnière, *De la propriété des eaux courantes*. Paris, 1846, n° 205.

tiennent de leur nature à la généralité des habitants ou membres des communes ou des sections de commune dans le territoire desquelles ces communaux sont situés » (sect. IV, art. 1). Pour écarter la revendication de ces biens, la possession de quarante ans elle-même était non avenue; il fallait désormais un titre légitime :

« La possession de quarante ans, exigée par le décret du 28 août 1792 pour justifier la propriété d'un ci-devant seigneur,... ne pourra en aucun cas suppléer le titre légitime; et le titre légitime ne pourra être celui qui émanerait de la puissance féodale, mais seulement un acte authentique, qui constate que les seigneurs ont légitimement acquis lesdits biens, conformément à l'article 8 du décret du 28 août 1792 » (art. 8).

Qu'est-ce donc qu'un *titre légitime*, et comment peut-il être constitué? L'édit d'avril 1683 nous l'explique. En autorisant très exceptionnellement la vente des biens communaux, la monarchie exigeait des formalités précises et multipliées :

« ... Voulons que lesdits habitants soient assemblés en la manière accoutumée, que la proposition pour la dépense à faire soit faite par les maires et échevins, ou par le procureur syndic, que l'emprunt passe à la pluralité des voix, et que l'acte soit reçu par le greffier, en cas qu'il y ait hôtel de ville, ou par notaire public, et qu'il soit signé de la plus grande et plus saine partie desdits habitants... Ledit acte de délibération sera porté à l'intendant ou commissaire départi en la généralité pour être par lui vu, examiné et approuvé... » (1).

Ces dispositions de la loi du 10 juin 1793 n'ont point été abrogées. Celles-là seulement l'ont été, nous le verrons plus tard, qui sont relatives aux partages en propriété des biens communaux entre habitants et au mode de répartition de l'affouage.

Tout en établissant une présomption de propriété en faveur des communes, la loi de 1792 subordonnait la faculté de revendiquer les terrains réputés vains et vagues à un délai de cinq ans (art. 6 et 9). On peut s'étonner qu'un délai si court ait été imposé : la raison en est qu'on a voulu mettre promptement un terme aux nombreuses contestations que la loi pouvait faire naître. Comme le fait remarquer M. Ducrocq, d'après la jurisprudence, cette prescription quinquennale « n'a pas obligé les communes à revendiquer dans le délai de cinq années les terres vaines et vagues dont elles avaient la possession; elle n'est pas opposable aux communes qui depuis ont perdu cette possession, tant qu'on ne justifie pas contre elles d'acquisition par titre ou prescription du droit commun, ni à celles qui, dans les cinq ans de la promulgation de la loi du 23 août 1792, se sont mises en possession des terres vaines et vagues de leur territoire sans former d'action en revendication (2). »

Observons, d'autre part, que cette prescription

(1) Isambert, *Recueil général des anciennes lois françaises,* t. XIX, n° 1055 p. 422.

(2) Ducrocq, *Cours de Droit administratif,* 6e édit., t. II, n° 1413.

quinquennale est spéciale aux dispositions des articles 1, 6 et 9 de la loi de 1792 (triages — cantonnement — terres vaines). Cette prescription particulière n'est pas applicable aux dispositions de l'article 8 de la même loi (1).

Législation spéciale à la Bretagne (2).

Nous devons signaler les règles exceptionnelles que, dans son article 10, la loi du 28 août 1792 établissait pour l'ancienne province de Bretagne :

Art. 10 : « Dans les cinq départements qui composent la ci-devant province de Bretagne, les terres actuellement vaines et vagues non arrentées, afféagées ou accensées jusqu'à ce jour, connues, sous le nom de communes, frost, frostages, franchises, galois, etc., appartiendront exclusivement, *soit aux communes, soit aux habitants des villages, soit aux ci-devant vassaux* alors en possession du droit de communer, motoyer, couper des landes, bois ou bruyères, pacager ou mener

(1) *Sic :* jurisprudence constante; Dalloz, *Code administratif annoté*, v° *Commune*, n° 6642.

(2) Sur cette question voir : Lemerle, *Essai sur un traité des droits des communes en Bretagne*. Nantes, 1822. — Nadaud, *Mémoire sur les terres vaines et vagues et les biens communaux situés dans l'ancienne province de Bretagne*, 1 vol. 2e édit. 1842. — J. Marie, *Des droits des communes sur les terres vaines et vagues*. (Extrait de la *Revue générale d'administration*, 1894.)

Sur la situation exceptionnelle des terres vaines d'après la coutume de Bretagne sous l'ancien régime, voir : *Traité des droits des communes* par M. *** (Varsavaux). Paris, 1 vol. in-12, 1759, ch. XI, p. 183 et suiv.

leurs bestiaux dans lesdites terres situées dans l'enclave ou le voisinage des ci-devant fiefs. »

Ce ne sont donc plus les communes seules, mais les *usagers* quels qu'ils soient, communes et habitants qui, dans ce pays, ont droit à la propriété des terres vagues. Les inféodations individuelles que les seigneurs avaient l'habitude de concéder aux habitants *ut singuli* se trouvent converties en un droit de propriété au profit des communes et des habitants (1).

Il est à remarquer que ces dispositions particulières subsistent malgré la loi du 10 juin 1793 qui ne les a pas abrogées (2). Notons aussi que ces terres vaines et vagues ne sont attribuées aux communes qu'autant qu'elles ne sont pas afféagées; autrement, elles sont dévolues aux afféagistes et à leurs successeurs pour la quote-part de l'afféagement (3).

Il résultait de cet état de choses une copropriété qui ne pouvait cesser que dans les conditions fixées par le Code civil et le Code de procédure. Mais, en raison des difficultés qu'entraînaient ces partages, l'indivision fut longtemps maintenue au grand détriment des intérêts généraux du pays. Dans le but de faciliter les partages à faire, une loi du 6 décembre 1850 institua pour eux une procédure spéciale susceptible d'être appliquée

(1) M. Marie (*op. cit.*, p. 42) explique très clairement cette situation.

(2) Cass. 19 juill. 1864; Sirey, 1864, 1, 422.

(3) Cass. 17 mai 1882; Sirey 1883, 1, 29.

pendant vingt ans seulement. A l'expiration de cette période, un grand nombre de partages restaient encore à faire. Une première prorogation fut consentie par la loi du 3 août 1870, pour dix années; puis une seconde par la loi du 1er janvier 1881, qui prit fin le 31 décembre 1890 (1). Actuellement la loi du 29 décembre 1890 a de nouveau établi une prorogation de dix années (2).

II

Jusqu'ici, nous n'avons rencontré dans l'œuvre de la Révolution que des lois favorables au patrimoine communal. Ce patrimoine cependant était entamé profondément par les lois du 14 août 1792 et du 10 juin 1793 qui vinrent ordonner ou permettre le partage des biens communaux entre les habitants.

La loi du 14 août 1792 *ordonna* le partage de tous les terrains communaux entre les citoyens de chaque commune (art. 1), avec droit pour ceux-ci d'en jouir en toute propriété (art. 2). Il n'y eut d'exception que pour les bois; une loi du 29 septembre

(1) Ducrocq, *Cours de Droit administ.*, t. II, n° 1413 *bis*, p. 568.

(2) En 1850 il y avait en Bretagne 72,000 hectares de terres vaines dans l'indivision. De 1850 à 1870, 35,903 hectares furent partagés. En 1890, il restait encore 13,100 hectares dans l'indivision, savoir : Morbihan : 6,403 ; — Côtes-du-Nord : 2,268; — Ille-et-Vilaine : 1,973; — Finistère : 1,800; — Loire-Inférieure : 656. (Loi de 1890, *Exposé des motifs par le ministre de l'agriculture*; Chambre des députés, session de 1890, n° 854).

1791 les avait soumis à l'administration forestière.

La loi du 10 juin 1793 permit de partager les biens communaux entre habitants, *gratuitement* et par *tête*, moyennant que cette mesure fût votée par le *tiers* des habitants de *tout sexe*.

D'autre part la loi du 24 août 1793 établissant le grand livre de la dette publique déclarait que les dettes des communes seraient dettes nationales; mais les communes devaient abandonner à l'État une quantité de biens suffisante pour compenser cette charge :

ART. 91. « Tout l'actif des communes pour le compte desquelles la république se charge d'acquitter les dettes... appartient dès ce jour à la nation jusqu'à concurrence du montant desdites dettes. »

ART. 92. « Les meubles ou immeubles provenant des communes seront régis, administrés ou *vendus comme les autres domaines nationaux.* »

Tous les biens communaux devaient ainsi disparaître par partage ou par vente ; la fortune communale était liquidée presque entièrement au profit des particuliers.

Nous avons déjà indiqué d'un mot, le motif d'une conduite si peu logique; il n'est peut-être pas superflu de rechercher à quels mobiles divers ont obéi les législateurs de ce temps-là.

« En autorisant les communes à revenir sur les anciens triages, dit M. Chaudé (1), à revendi-

(1) Albert Chaudé, *Des biens des communes en droit français*, (Thèse de doctorat). Paris, 1878, p. 170.

quer les vacants et les terres vagues, à réclamer tous les biens dont elles auraient été dépouillées, les lois révolutionnaires leur avaient reconstitué un vaste patrimoine, et il semble qu'elles auraient dû veiller en même temps à en assurer la conservation. Mais ces lois poursuivaient surtout un but politique : l'anéantissement de tout ce qui pouvait rester encore de la féodalité. La suppression des privilèges seigneuriaux avait profité presque exclusivement à la classe nombreuse des possesseurs du sol et des tenanciers, car ils grevaient bien plus la propriété que les personnes; la classe, plus nombreuse encore, de ceux qui ne possédaient rien, n'en avait jusqu'ici retiré aucun profit matériellement appréciable. La Législative et la Convention voulurent les rattacher, eux aussi, aux idées nouvelles, leur donner un intérêt à rompre définitivement avec le passé, et à l'aide des biens communaux ainsi reconstitués, créer de nouveaux propriétaires. »

Cette appréciation est exacte. La loi du 10 juin 1793 voulut même protéger les propriétaires qu'elle créait ainsi contre les entraînements d'une fortune trop subite. Les lots échus à chaque habitant par le sort ne pouvaient être, pendant l'espace de dix années, ni aliénés volontairement ni saisis pour dettes (sect. II, art. 13 et art. 16). Ce serait une constatation curieuse à faire aujourd'hui que de rechercher si les lambeaux de la propriété communale sont bien restés divisés ou si plutôt ils n'ont pas été très vite rassemblés entre les mains de quelques-uns plus riches et plus avisés (1).

On retrouve aussi dans le rapport fait en 1793 devant le comité des domaines l'exposé des théories égalitaires au nom desquelles la propriété communale était condamnée.

Le domaine communal étant inégalement réparti, il en résultait, disait-on, des disproportions choquantes entre les avantages publiquement assurés aux habitants du même sol. On ajoutait qu'il ne fallait pas reconnaître des propriétés de commune, parce qu'on serait conduit à reconnaître aussi des propriétés de district, des propriétés de département, et à créer à nouveau dans la République des fractionnements contraires à l'unité de la nation française (2).

Quand on sait l'énergie avec laquelle les idées vraies ou fausses étaient alors appliquées, quand on songe à la facilité du partage organisé par la

(1) Nous avons fait quelques recherches locales à ce sujet dans le département des Ardennes; presque toujours, nous avons trouvé la justification de notre dernière conjecture.

En Angleterre, nous dit M. Faucher, la destruction progressive des communaux a tourné au profit des grands propriétaires. « Ce que la loi ne leur adjugeait pas, ils l'avaient bientôt acquis à vil prix; car ils n'avaient qu'à attendre, et la détresse ou la mauvaise conduite ne tardait pas à mettre les petits propriétaires à leur merci... De 1760 à 1834, le parlement a voté près de deux mille lois de clôture, qui ont ajouté 6.340.540 acres à la propriété privée et par conséquent aux richesses de l'aristocratie. » (Léon Faucher, *Études sur l'Angleterre*, t. I, 2e édit, 1856, p. 436.)

(2) Eugène Cauchy, *De la propriété communale*, p. 23 et 24, d'après le *Rapport sur la nécessité de supprimer les propriétés communales* par le député Lozeau de la Charente-Inférieure.

loi de 1793, il y a lieu de s'étonner que la propriété communale ait pu résister à l'orage révolutionnaire et conserver, quoique diminuée, une importance capitale.

M. Cauchy nous explique ce fait : « C'est qu'il y a dans l'association une force vitale bien puissante, quand elle s'appuie à la fois sur l'intérêt et sur le droit. Or en poursuivant la dispersion des biens appartenant aux communautés d'habitants, on n'avait pu entreprendre, ainsi qu'on l'avait fait pour tant d'autres associations, de dissoudre les communautés elles-mêmes.

« L'intérêt de communauté sut donc résister, dans un grand nombre de communes, à l'intérêt individuel des habitants, d'autant plus qu'à cette époque les avantages de la dépaissance en commun surpassaient encore les avantages qu'on se promettait de la propriété privée (1). »

Le bon sens reprend toujours ses droits, et cette loi de 1793 qui aurait dû, semble-t-il au premier abord, être accueillie avec la plus grande popularité, fut bientôt discréditée (2).

(1) Eugène Cauchy, *op. cit.*, p. 32.

(2) « En général, l'effet du partage des communaux a été désastreux, surtout dans les pays de pâturages et de montagnes. (*Rapports des préfets,* ans IX, X, XI et XII). — *Doubs :* Le partage des communaux a plutôt contribué, dans toutes les communes à la ruine absolue du pauvre qu'à l'amélioration de son sort. — *Lozère :* Le partage des communaux par la loi du 10 juin 1793 a été très nuisible à la culture. » — (Taine, *Les origines de la France contemporaine, la Révolution,* t. III, 9e édit. 1885, p. 476, note 1.)

III

Dès l'an III, un représentant de la Creuse, le député Baraillon, dénonça la loi du 10 juin 1793 à la tribune de la Convention et réclama avec autorité que cette loi « délétère » fût rapportée (1).

Le partage des communaux, disait-il, est injuste. Les non domiciliés, c'est-à-dire les défenseurs de la patrie et souvent les ouvriers, sont exclus du partage qui n'enrichit que les propriétaires aux mains desquels tombent forcément les lots échus à leurs domestiques et journaliers.

Le partage est encore une opération destructive de l'agriculture : on distribue les terres incultes à ceux qui, faute de bestiaux et de bêtes de labour, n'ont aucun moyen de défricher, etc., etc.

Baraillon parlait en connaissance de cause, l'étendue des communaux étant considérable dans le département qu'il représentait; on lui donna raison.

Sous le Directoire, la loi du 21 prairial an IV (9 juin 1796), suspendit *provisoirement* les partages de biens communaux. Ces partages furent définitivement proscrits par la loi du 2 prairial an V (21 mai 1797) dont voici la teneur :

Article 1er. « Il ne sera plus fait aucune vente de biens de communes, quels qu'ils soient, ni en exécution de l'article 2 de la section III de la loi du

(1) Séance du 20 thermidor an III (9 août 1795). *Moniteur* de l'an III, p. 1308.

10 juin 1793 et de l'article 92 de la loi du 24 août suivant, ni en vertu d'aucune loi. Néanmoins les ventes légalement faites de ces mêmes biens à l'époque de la promulgation de la présente loi auront leur plein et entier effet. »

Loi du 9 ventôse an XII (29 février 1804). — La loi du 9 ventôse an XII (1) confirma les partages opérés en exécution de la loi du 10 juin 1793 (art. 1 et 2). Elle obligea à restitution tous les détenteurs de biens communaux qui ne pouvaient justifier d'un acte de partage, et qui ne se trouvaient pas d'ailleurs dans certaines conditions de tolérance (art. 5). Ainsi, ceux-là qui avaient défriché, planté, clos, ou chargé de constructions le terrain occupé par eux, pouvaient seuls régulariser leur situation, à la condition de payer à la commune une redevance annuelle rachetable en tout temps pour vingt fois la rente (art. 3). Par dérogation à l'article 549 du Code civil, le possesseur de mauvaise foi ne pouvait être contraint à restituer les fruits perçus (art. 9).

Aux termes de l'article 6, toutes les contestations qui pouvaient s'élever entre les copartageants, détenteurs ou occupants et les communes, depuis la loi du 10 juin 1793, soit sur les actes et les preuves de partage de biens communaux, soit sur l'exécution des conditions prescrites pour la consécration

(1) L'article 1er de la loi du 9 ventôse de l'an XII ne s'appliquait à l'origine qu'aux partages faits en vertu de la loi de 1793. Le décret du 4e jour complémentaire de l'an XIII vint par la suite confirmer les partages régulièrement accomplis avant 1793.

des possessions irrégulières, devaient être jugées par le conseil de préfecture. Il est vraisemblable que cette compétence exceptionnelle du conseil de préfecture a été admise et maintenue pour faciliter aux communes les moyens de poursuivre sans frais leur réintégration contre les usurpateurs.

En règle générale, les contestations relatives à des immeubles possédés privativement relèvent du droit civil. Aussi, la compétence du conseil de préfecture édictée par la loi de l'an XII a-t-elle été maintenue strictement par la doctrine et la jurisprudence dans les limites les plus étroites (1).

Une ordonnance du 13 juin 1819 eut pour but de compléter les mesures prises par la loi du 9 ventôse an XII et d'en assurer l'efficacité. Elle imposa aux administrations locales le devoir « de s'occuper sans délai de la recherche et de la reconnaissance des terrains usurpés sur les communes depuis la publication de la loi du 10 juin 1793, et généralement de tous les biens d'origine communale actuellement en jouissance privée, dont l'occupation ne résulterait d'aucun acte de concession ou de partage écrit ou *verbal* (2), qui eût dessaisi la communauté de ses droits en faveur des détenteurs ». Les détenteurs de biens usurpés durent en faire la déclaration dans le délai de trois mois. Cette con-

(1) Ducrocq, *Cours de droit administratif*, 6e édit., t. I, n° 391. — Rodolphe Dareste, *La justice administrative en France*, 2e édit. Paris, 1898, p. 583 et 584.

(2) La loi du 9 ventôse an XII, art. 3, était plus rigoureuse; elle exigeait un titre écrit.

dition accomplie, ils pouvaient devenir propriétaires en payant les quatre cinquièmes de la valeur; un cinquième leur était abandonné afin qu'ils eussent un intérêt à exécuter les prescriptions de l'ordonnance. Faute d'avoir fait la déclaration dans les trois mois, les détenteurs pouvaient être actionnés par la commune en restitution du fonds avec les fruits pendant les cinq dernières années, et ils ne pouvaient plus alors obtenir la propriété qu'en payant la valeur entière.

CHAPITRE V

LES LOIS MODERNES RELATIVES AUX BIENS COMMUNAUX

Continuant l'étude historique des biens communaux, nous signalerons ici l'injustifiable loi du 20 mars 1813, puis tout un groupe de dispositions légales par lesquelles l'État, à diverses reprises dans le courant de notre siècle, a voulu s'intéresser à l'amélioration des biens communaux. Nous indiquerons d'un mot l'esprit de nos lois municipales modernes, nous réservant d'en étudier l'économie dans la seconde partie de ce travail.

§ 1. *Loi du* 20 *mars* 1813. — Au lendemain de la guerre de Russie, le gouvernement impérial imagina de dépouiller les communes au profit du Trésor épuisé, et pour cela, il remit en œuvre l'idée révolutionnaire de la confiscation par l'État des biens des communes (1).

Cette confiscation, il est vrai, ne fut que partielle. D'autre part, la loi du 20 mars 1813 n'a été en vigueur que durant trois années.

(1) Cf. Loi du 24 août 1793, art. 91 et 92, citée ci-dessus, chapitre IV, § 2.

L'article 1er était ainsi conçu : « Les biens ruraux, maisons et usines possédés par les communes, sont cédés à la caisse d'amortissement qui en percevra les revenus, à partir du 1er janvier 1813. »

L'article 2 de la même loi exceptait de la cession certains biens.

« Sont exceptés les *bois*, les *biens communaux proprement dits*, tels que pâtis, pâturages, tourbières et autres, dont les habitants jouissent en commun, ainsi que les halles, marchés, promenades et emplacements utiles pour la salubrité ou l'agrément.

« Sont également exceptés les églises, les casernes, les hôtels de ville, les salles de spectacle et autres édifices que possèdent les communes et qui sont affectés à un service public.

« En cas de difficultés entre les municipalités et la régie des domaines, il sera sursis par elle à la prise de possession des articles réclamés et statué par le préfet, sauf le pourvoi au conseil. »

Enfin l'article 3 indiquait le prix de la cession :

« Les communes recevront, en inscription cinq pour cent, une rente proportionnée au revenu net des biens cédés, d'après la fixation qui en sera déterminée par un arrêté du conseil. »

On le voit, la confiscation était déguisée sous la forme de conversion forcée, qui assurait le bénéfice de l'État en procurant de suite un capital considérable.

Cette conversion pour ne pas exciter trop de réclamations ne s'attaquait pas aux biens communaux proprement dits. « Les habitants, écrivait le ministre des finances de ce temps, ne sont privés de rien puisqu'on ne leur enlève aucune jouissance et les communes ne sont privées d'aucun revenu puisque l'équivalent leur est assuré en rentes sur l'État (1). »

Toutefois le pays ne s'était pas abusé et « chose inouïe à cette époque, nous dit M. Cauchy, 75 boules noires furent déposées au Corps législatif dans l'urne du scrutin (2) ».

L'application de cette loi a soulevé de grandes difficultés entre les communes et l'État. La question délicate était de décider si un bien était frappé ou non par la cession; alors l'avidité de l'État et l'intérêt des communes étaient bien facilement en contradiction. De tels différends auraient dû être portés devant les tribunaux ordinaires, car ils ne présentaient aucun des caractères du contentieux administratif; cependant, pour agir plus vite, la loi les attribuait d'une façon arbitraire au préfet et au conseil d'État. Un avis du conseil d'État approuvé le 7 juillet 1813 alla plus loin : il décida que ce n'était point par la voie contentieuse qu'il fallait procéder, mais que les demandes et réclamations contre les décisions des préfets devraient être adressées au ministre des finances, pour, sur son rapport, être statué administrativement en conseil d'État. C'était entièrement substituer la voie

(1) Circulaire du 29 août 1814 (Sirey, 1814, 2, p. 439).
(2) Eugène Cauchy, *De la propriété communale*, p. 46.

administrative à la voie judiciaire, c'était en même temps aller contre la loi du 20 mars 1813 qui réservait un *pourvoi au conseil*, indiquant par là qu'il s'agissait d'une décision à attaquer par la voie contentieuse.

Sous la Restauration, les ordonnances des 6 juin 1814 et 16 juillet 1815, de même que la circulaire du ministre des finances du 29 août 1814, prescrivirent la continuation de ces ventes. Mais la loi de finances du 26 avril 1816 (art. 15), abrogeant celle du 20 mars 1813, décida « que les biens des communes non encore vendus seraient remis à leur disposition comme ils l'étaient avant ladite loi ». La revendication de ces propriétés communales était portée devant le conseil de préfecture.

§ 2. *De l'amélioration des communaux.* — L'amélioration des communaux a été souvent discutée dans les assemblées politiques de nos jours. A ce sujet, l'initiative de l'État s'est montrée parfois trop grande, et l'on a oublié que la commune propriétaire a le droit comme les particuliers de conserver tous les privilèges de la propriété.

Il importe ici, de préciser de suite les principes d'ordre public et d'équité qui nous serviront à apprécier les lois que nous allons rencontrer.

L'État peut s'intéresser directement à la mise en valeur de certains terrains communaux, mais à titre exceptionnel, dans un but bien déclaré de sûreté ou de salubrité publiques, et dans l'intérêt, non pas seulement des communes mais aussi du pays. Il s'agira alors de communaux non pas seulement improductifs, mais encore *dangereux*.

Vis-à-vis de terrains communaux dont les revenus sont médiocres faute d'améliorations utiles, ou par le fait d'une gestion critiquable, le législateur et l'État n'ont pas le droit d'intervenir; ils peuvent conseiller, mais non pas ordonner. La propriété doit être respectée partout, quelque inhabiles que soient les mains qui la détiennent. Si l'incurie et la routine, si les préoccupations peut-être mesquines de la génération présente laissent en souffrance la propriété collective, les conseils de la commune ont bien aussi quelque droit pour diriger leurs intérêts et peser les inconvénients d'une situation qui est la leur.

L'État, en tant que représentant de la puissance publique, conserve justement un droit de contrôle sur les actes des conseils municipaux; mais son intervention doit être discrète et limitée au respect de la loi et à la défense de l'intérêt des générations futures. L'initiative appartient exclusivement à la commune, elle seule en effet est propriétaire. Ce sont des motifs graves d'ordre public qui seuls peuvent légitimer l'intervention exceptionnelle de l'État dans l'administration de certains biens communaux.

Ces idées générales exposées, voyons ce qui a été fait.

Le gouvernement sollicité de s'occuper de l'amélioration des communaux consulta à différentes reprises (1) les conseils généraux. Ceux-ci en grande majorité donnèrent à entendre que dans une question aussi délicate et aussi complexe il était difficile ou imprudent de prendre une décision uniforme :

« Le vœu presque unanime des conseils de département, écrit M. Cauchy, c'est qu'on évite dans la loi à intervenir de poser des règles générales et absolues sur le mode de disposition ou de jouissance des biens communaux (2). »

Le conseil général des Hautes-Alpes le dit nettement :

« Le conseil pense qu'il n'est pas possible de poser des règles absolues et générales sur la jouissance des communaux. La solution des questions dépendra presque toujours des circonstances. Tel bien communal devra être amodié, tel autre devra être soumis à la jouissance en commun, tel autre enfin devra être vendu (3). »

Un autre conseil rappelle justement les droits de la commune :

« Il faut se hâter de le reconnaître, toutes les mesures sont bonnes si on les renferme dans de justes limites; dans une foule de localités, il faudrait apporter des restrictions et des exceptions aux règles trop absolues qui seraient adoptées et dont le premier résultat serait d'anéantir ou de

(1) En 1843, en 1846 et surtout en 1848. Voir : *Analyse des vœux des conseils généraux de département*. Paris, Dupont (publication annuelle).

(2) Eugène Cauchy, *De la propriété communale*, p. 113.

(3) *Conseil général des Hautes-Alpes*, 1843.

restreindre d'une manière trop étroite des pouvoirs qui ont toujours appartenu aux corps municipaux (1). »

En 1848, presque tous les conseils généraux de département se prononcent nettement contre la vente et surtout le partage des communaux. La grande majorité accepte l'amodiation des communaux, mais en déclarant vouloir maintenir les droits de la commune et les usages établis :

« Une portion des communaux, doit être réservée à proximité des bourgs pour la pâture commune des bestiaux (2). »

Pourtant, en 1847, M. Rouland à la Chambre des députés, et le comte Daru devant la Chambre des pairs s'étaient efforcés de démontrer que la jouissance en commun était funeste au domaine communal, et contraire à toute amélioration (3).

Aussi, le 28 août 1848, un projet de loi fut soumis à l'Assemblée nationale pour forcer les communes à mettre en culture par exploitation directe ou par fermage leurs terrains communaux (4).

Ce projet heureusement fut abandonné.

Une catégorie spéciale de biens communaux méritait plutôt l'attention du législateur et l'inter-

(1) *Conseil général des Vosges*, 1846.

(2) *Conseil général du Cher*, 2e session de 1848. (*Analyse des vœux*, etc... Paris, 1849.)

(3) Dalloz, *Répertoire*, v° *Commune*, n° 2201. — *Moniteur*, 1er avril 1847.

(4) M. Cauchy a publié ce projet. (*De la propriété communale*, p. 151.)

vention de l'État, nous voulons parler des marais, dunes, etc...

Le défrichement ou le dessèchement des terres incultes et des marais avait été tenté à plusieurs reprises sous l'ancien régime (1). Mais jamais l'idée d'une réglementation spéciale pour les marais communaux n'avait été mise en œuvre.

Un édit de janvier 1607 concédait d'une façon générale en France les travaux de dessèchement des marais à un particulier « le sieur Humfrey Bradley, gentilhomme des pays de Brabant, natif de Bergues sur le Zoom,... personnage fort expérimenté et entendu aux dessèchements et diguages des terres inondées (2) ». Depuis cette époque, presque tous les travaux de canalisation ou de dessèchement furent concédés par nos rois à des particuliers (3).

Ceux-ci ne s'enrichirent pas toujours et trop souvent ces entrepreneurs hardis laissèrent dans l'eau le plus clair de leur fortune; quelques-uns même furent ruinés dès l'abord par des procès interminables : tel le malheureux marquis de Turbilly, agriculteur célèbre par ses défrichements, qui tenta vainement le dessèchement des marais de l'Authion (4).

(1) Voir à ce sujet : Cte de Dienne, *Histoire du dessèchement des lacs et marais en France avant* 1789, 1 vol. Paris, 1891.

(2) Isambert, *Recueil général des anciennes lois françaises*, t. XV, n° 186, p. 313.

(3) Rodolphe Dareste, *La justice administrative en France* 2e édit., 1898, p. 122, note.

(4) Célestin Port, *Dictionnaire historique de Maine-et-Loire*, v° Turbiliy.

La déclaration royale du 13 août 1766 (1) accordant des encouragements à ceux qui défricheraient les landes et terres incultes, produisit d'excellents résultats. C'est ainsi qu'en 1787, grâce aux dispositions libérales de cette déclaration, on avait défriché dans 28 provinces du royaume environ 400.000 arpents (2).

Au début de notre siècle, la loi du 16 septembre 1807 autorisa le gouvernement à constituer entre propriétaires intéressés, quels qu'ils fussent, et au besoin contre leur gré, des associations syndicales, afin de subvenir aux frais nécessités par des travaux de défense contre la mer, les fleuves et les rivières, ou encore par le desséchement des marais.

Le décret du 14 décembre 1810 prescrivit des mesures pour fixer les dunes en les plantant aux frais de l'État; les ordonnances des 5 février 1817 et 15 juillet 1818 portèrent règlement sur les dunes dans les départements de la Gironde, des Landes et du Pas-de-Calais.

Toutes ces dispositions légales s'appliquaient également aux biens des communes et aux biens des particuliers.

La loi du 19 juin 1857 fut une loi spéciale à l'assainissement des communaux des départements de la Gironde et des Landes. Il n'est pas hors de

(1) Isambert, *Recueil général des anciennes lois françaises*, t. XXII, n° 918, p. 461.

(2) Léonce de Lavergne, *Les assemblées provinciales en France*. Paris, 1864.

propos d'indiquer l'origine curieuse de cette loi, qui produisit du reste les meilleurs résultats.

Nous empruntons à M. de Crisenoy l'excellent exposé qui suit (1) :

« Les landes de la Gascogne s'étendaient sur les deux départements de la Gironde et des Landes; 162 communes en possédaient ensemble près de 300,000 hectares, plus du tiers de l'étendue totale. Ces terres maigres et sablonneuses, formant un vaste plateau presque horizontal, étaient rendues absolument stériles par l'existence à une profondeur de 30 à 50 centimètres d'un sous-sol imperméable. Desséchées par évaporation pendant l'été, elles formaient, pendant plus de six mois d'hiver, d'immenses et insalubres marécages où de rares habitants ne pouvaient circuler que sur les hautes échasses restées légendaires.

Tous les essais d'assainissement et de culture entrepris à grands frais à diverses époques avaient été ruineux. Le sol était considéré d'ailleurs comme ayant par lui-même si peu de valeur, que ses produits, réussirait-on à en obtenir, devaient rester toujours fort insuffisants pour rémunérer le capital considérable nécessaire aux travaux d'assainissement.

Tout ce pays situé aux portes d'une des plus grandes villes de France et sous un des climats de l'Europe les plus favorables à la végétation

(1) J. de Crisenoy, *Statistique des biens communaux et des sections de commune*, p. 9. (Extrait de la *Revue générale d'administration*, 1887.) — Pour plus de détails, voir : Chambrelent, *Les landes de Gascogne*. Paris, 1887.

paraissait donc irrémédiablement condamné à rester à tout jamais à l'état de désert insalubre, lorsqu'en 1839, un ingénieur des ponts et chaussées, M. Chambrelent, reconnut, après sept ans d'études et de nivellements, que le plateau des Landes présente du faîte jusqu'au versant des vallées de la Garonne et de l'Adour, dans les deux sens perpendiculaires, une pente générale excessivement régulière; sur aucun point le terrain ne forme cuvette, mais cette pente est tellement faible — moins d'un millimètre pour mètre — que les moindres irrégularités du terrain la contrarient et empêchent l'eau d'en suivre la déclivité. Il concluait de ses études qu'il suffirait d'ouvrir un fossé de 50 à 60 centimètres de profondeur, suivant bien exactement la pente générale du terrain, pour être assuré que toutes les eaux y arriveraient et s'y écouleraient lentement et régulièrement sans en corroder les bords; le terrain étant très perméable, chaque fossé devait attirer les eaux superficielles à une assez grande distance.

Ce projet fut considéré tout d'abord comme inexécutable et chimérique. On soutenait que les rigoles seraient promptement obstruées par les feuilles ou comblées par les érosions, et qu'en tout cas leur pente ne serait pas suffisante pour assurer l'écoulement des eaux. M. Chambrelent voyant qu'on ne voulait pas le croire, et ayant une foi inébranlable dans son idée, se résolut à en faire l'expérience à ses frais.

En juin 1849, il acheta donc 500 hectares de

landes choisies dans les parties les plus stériles du pays et dans les conditions les plus défavorables au point de vue de l'exécution des travaux d'assainissement à exécuter. Le sol s'y trouvait encore, malgré la saison avancée, complètement recouvert d'une eau stagnante; M. Chambrelent entreprit immédiatement l'ouverture des rigoles et fossés d'asséchement. L'effet en fut immédiat et si complet, que pendant les plus fortes pluies de l'hiver suivant, le sol ne présenta nulle part la moindre trace d'eau stagnante, tandis que l'eau coulait abondamment et avec une parfaite régularité dans toutes les rigoles. Actuellement, après quarante ans de service bientôt, ces canaux se trouvent encore en parfait état.

Dès le mois de mars 1850, on fit dans les terres assainies des semis de pins et de chênes qui réussirent parfaitement. Au bout de cinq ans, ils avaient acquis une hauteur de 3m,50 et une circonférence de 30 centimètres. Mais déjà l'exemple donné par l'éminent ingénieur avait porté ses fruits; de nombreux imitateurs l'avaient suivi, et plus de 20.000 hectares de landes se trouvaient en pleine exploitation, lorsqu'une commission de l'Exposition universelle constata les résultats obtenus et appela l'attention sur leur importance. Le Gouvernement s'occupa dès lors des mesures à prendre pour étendre à tout le plateau des Landes les opérations commencées, et qui ne pouvaient se développer économiquement que par des travaux d'ensemble comprenant de grandes voies d'écoulement destinées à recevoir toutes les eaux des fossés secondaires à ouvrir sur les diverses parties du sol. Lui seul pouvait accomplir cette œuvre, et son intervention se justifiait suffisamment par les intérêts publics qui s'y rattachaient, intérêts de salubrité générale et mise en valeur d'un immense domaine communal. Tel fut l'objet de la loi du 19 juin 1857. »

Loi du 19 *juin* 1857. — La loi du 19 juin 1857, suivie d'un décret d'exécution du 7 mai 1858, fut donc spéciale à l'assainissement des landes communales des deux départements de la Gironde et des Landes. L'État recevait le droit d'effectuer lui-même les travaux, mais seulement en cas d'impossibilité ou de refus de la part des communes propriétaires. Le trésor devait se rembourser de ses avances en capital et intérêts sur le produit des coupes et des exploitations. Le découvert provenant de ces avances ne pouvait excéder six millons (art. 2). « Ce crédit resta sans emploi, nous dit M. de Crisenoy, les conseils municipaux convoqués aussitôt la promulgation de la loi, ayant unanimement déclaré leur intention de se charger des travaux et d'en couvrir la dépense au moyen de la vente d'une partie de leurs landes. On se mit immédiatement à l'œuvre et huit ans après, en 1865, tous les travaux d'assainissement étaient achevés; ils avaient coûté 893.000 francs; la dépense évaluée primitivement à 12 francs par hectare se trouva réduite en moyenne à 5 fr. 55. Les ensemencements se sont poursuivis parallèlement avec les opérations d'assainissement, et les communes ont trouvé bientôt dans les produits de leur domaine transformé d'importantes ressources pour accomplir des travaux d'utilité publique (1). »

En 1878, d'après M. de Crisenoy, 74.139 hectares de landes communales avaient été ensemencés. Il restait à ensemencer 28.595 hectares. — D'autre part 188.691 hectares avaient été aliénés par les communes pour la somme de 13.431.942 francs. Un capital de plus de 36 millions avait été créé moyennant une dépense d'environ un million.

Plus récemment (1894), M. Risler évalue ainsi les résultats obtenus :

« La dépense, dit-il, a été d'environ un million et demi pour les 162 communes intéressées et leurs landes qui valaient autrefois au plus 4 millions peuvent bien être estimées à 150 millions de francs (2). »

« Dès 1877, écrit M. Baudrillart, les cent soixante-douze communes qui se répartissent la région landaise, vendaient en une seule année des produits de ce sol ingrat et stérile quarante ans auparavant, pour une somme totale de près de treize millions et demi de francs (3). »

Loi du 28 juillet 1860, sur la mise en valeur des marais et terres incultes appartenant aux com-

(1) J. de Crisenoy, *op. cit.*, p. 11.
(2) Risler, *Géologie agricole*, t. III. Paris, 1894, p. 333.
(3) Henri Baudrillart, *Les populations agricoles de la France*, (populations du Midi), 1893, appendice, p. 615.

munes. — Les heureux résultats de l'assainissement des landes de Gascogne, firent impression. L'État par la loi du 28 juillet 1860 crut pouvoir généraliser son intervention et susciter, au besoin imposer, la mise en valeur de tous les marais et de toutes les terres incultes des communes.

C'était aller trop loin, c'était ne pas tenir compte des droits des communes, ni des conditions si différentes dans lesquelles se trouvent les communaux de la France entière (1). Le but ne fut pas atteint. Cette loi ne fut appliquée exceptionnellement que dans quelques départements où l'exécution de grands travaux par l'État était possible (2).

Le rapporteur de la loi, M. du Miral, semblait lui-même avoir pressenti les difficultés d'application d'une pareille loi :

« Il ne faut pas se dissimuler, disait-il en terminant, que le bienfait que le pays est appelé à en recevoir dépendra essentiellement du mode et de la mesure de son application. Cette application devrait être, ce nous semble, constamment dominée par quelques idées fondamentales, dont il vous appartient d'apprécier l'utilité.

Il existe dans la condition des terrains communaux, non seulement dans nos diverses provinces, mais même dans chaque commune, des différences

(1) Il y avait alors 58.000 hectares de marais et 2.700.000 hectares de landes appartenant aux communes ou sections de commune.

(2) Juillet Saint-Lager, *De l'avenir des biens communaux en France*, 1882, p. 41. — Cf. Joseph Ferrand, *De la propriété communale en France*. Paris, 1859, p. 37.

infinies; on ne saurait les soumettre à un mode uniforme de transformation.

Ce sont en général les intéressés qui ont, au plus haut degré, l'intelligence de ce qui leur est le plus avantageux. On devra donc toujours tenir grand compte des opinions des commissions syndicales ou des conseils municipaux et lorsqu'ils ne se renfermeront pas dans une inertie blâmable, donner habituellement la préférence au mode de mise en valeur qu'ils indiqueront. S'il est des cas exceptionnels dans lesquels leur inaction devra être vaincue, la liberté de leur action devra généralement être respectée.

La suppression des pâturages sera loin d'être constamment possible; il est des contrées où elle serait désastreuse, d'autres où elle est impraticable; elle ne sera pas d'ailleurs toujours nécessaire pour réaliser des améliorations sensibles : il est des cas nombreux dans lesquels leur conservation s'y prêtera... (1). »

Les mesures légales prises par la loi du 28 juillet 1860 et le règlement d'administration publique du 6 février 1861 sont les suivantes :

Le conseil municipal est d'abord mis en demeure par le préfet et doit délibérer dans le délai d'un mois. Déclare-t-il vouloir effectuer la mise en valeur demandée : il soumet les mesures qu'il compte prendre à l'approbation préfectorale; le

(1) Rapport de M. du Miral. (*Moniteur* du 11 juillet 1860, p. 817. — Sirey, *Lois annotées*, 1860, p. 74, 4e col.)

préfet détermine l'époque à laquelle commenceront les travaux. L'autorité municipale veillera à la conservation des travaux exécutés; le préfet inscrira d'office au budget communal le crédit nécessaire pour cet entretien, si le conseil municipal omet de le faire. Lorsque la mise en valeur doit s'effectuer par la plantation de végétaux ligneux destinés à être soumis au régime forestier, l'administration des forêts peut être appelée à concourir, par tous les moyens dont elle dispose, tant à l'étude qu'à la réalisation des projets de boisement (Circ. adm. for., 13 oct. 1866; nouvelle série, n° 37).

Le conseil municipal refuse-t-il de pourvoir à l'exécution des travaux; s'abstient-il de délibérer sur ce point; enfin néglige-t-il d'observer les engagements qu'il a pris : alors un décret rendu en conseil d'État, après enquête, délibération du conseil municipal (1) et avis du conseil général, déclare l'utilité des travaux et en règle le mode d'exécution (l. 28 juill. 1860, art. 3). L'État entreprend les travaux aux frais de la commune, et si celle-ci ne fournit pas les fonds, il en fait l'avance sans que la créance puisse excéder dix millions en principal (art. 6). Les sommes ainsi avancées produisent intérêt à 5 0/0 de plein droit du jour de l'achèvement des travaux; l'État recouvre le tout en faisant vendre par lots une partie des terrains

(1) La délibération devait être prise d'après notre texte avec l'adjonction des plus imposés; le conseil délibère seul depuis la loi du 5 avril 1882, supprimant d'une façon générale l'intervention des plus imposés.

améliorés, si, dans l'année qui suit l'achèvement du travail, la commune n'aime mieux lui abandonner la moitié des terrains mis en valeur ou lui donner des garanties pour le paiement (art. 4 et 5). Le décret peut aussi obliger la commune ou la section propriétaire à louer les terrains pour une durée *maximum* de 27 ans, à charge par l'adjudicataire fermier d'opérer leur mise en valeur (art. 7).

Reboisement et conservation des terrains en montagne. — Une loi du même jour, 28 juillet 1860, sur le reboisement et la conservation des terrains en montagne, complétée le 27 avril 1861 par un règlement d'administration publique, vint aussi, dans l'intérêt général, restreindre le droit de propriété. Cette loi, à la différence de la précédente, s'appliquait non seulement aux biens des communes, mais même aux propriétés privées. Reboiser pour empêcher les inondations, tel était le but du législateur. Ce but n'aurait pas été atteint, et le danger des inondations n'eût pas été conjuré, si l'on n'avait pas appliqué aux terrains de montagne le gazonnement en même temps que le reboisement. Ce fut l'œuvre de la loi du 8 juin 1864; un règlement d'administration du 10 novembre 1864 en organisa l'application combinée avec les dispositions de la loi du 28 juillet 1860 (1). Les imperfec-

(1) Il avait été pris antérieurement des mesures locales relativement à certains départements plus éprouvés par les inondations et les torrents (Hautes-Alpes, Basses-Alpes et Drôme. — Décrets, 4 therm. an XIII et 16 sept. 1806).

tions de cette législation et l'insuffisance des ressources ne permirent pas d'obtenir des résultats satisfaisants (1). Aussi dès le 29 décembre 1874, l'initiative parlementaire réclamait d'autres mesures, et le 11 avril 1876 le gouvernement déposait un nouveau projet de loi. Ce projet, plusieurs fois remanié (2), a subi des vicissitudes et des retards qui, comme les graves débats auxquels il a donné lieu, ont prouvé à la fois l'importance et la difficulté de l'œuvre entreprise (3).

Tous ces efforts ont donné naissance à la loi du 4 avril 1882, complétée par un règlement d'administration publique du 11 juillet suivant (4).

La loi du 4 avril 1882 vise d'une part la *restauration* ou la *mise en défens* des terrains en montagne, d'autre part, la *réglementation des pâturages communaux* (5).

Cette loi impose aux communes et même aux propriétaires particuliers de lourdes charges en autorisant l'expropriation définitive ou temporaire des biens en montagne qu'il importe de reboiser; en réglementant aussi l'exercice du pacage dans

(1) Voy. Tétreau, *Commentaire de la loi du 4 avril* 1882, p. 12. — Exposé des motifs du 26 mars 1879 et rapport Maigne du 21 juill. 1885. — Dalloz, 1882, 4, 89, note 3.

(2) Dalloz, *Code forestier annoté*, p. 641, n°s 27-51.

(3) Ducrocq, *Cours de droit adm.*, t. II, n° 886 *bis*.

(4) Dalloz, *Code forestier annoté*, p. 637 et suiv.

(5) Sur la loi du 4 avril 1882, Dalloz, *Codes annotés : Code forestier*, 1884, p. 663 et suiv. — A. Tétreau, *Commentaire de la loi du 4 avril* 1882, p. 106 et suiv. — Guichet, *Législation de la restauration et de la conservation des terrains en montagne*. Nancy, 1887.

certains pâturages communaux. Ces mesures rigoureuses se justifient par un intérêt de premier ordre : la nécessité de mettre, dans les contrées montagneuses, les propriétés et la vie même des habitants à l'abri des désastres de l'inondation.

A. *Restauration ou mise en défens.* La loi comme nous venons de le dire, s'applique ici à toutes les propriétés, communales ou autres.

Deux restrictions sont apportées au droit de propriété. 1° Des travaux de restauration peuvent être imposés d'office, s'ils sont jugés indispensables pour remettre le sol en état, empêcher la formation des torrents et, partant, les inondations (art. 2 à 7). 2° Si le terrain n'est que légèrement atteint, si l'on peut attendre de la nature la réparation du mal, la loi interdit seulement les terrains, défendant d'y laisser paître ou même passer les troupeaux pendant un certain délai (art. 7 à 12).

Le droit de propriété trouve cependant des garanties dans la loi. Les travaux de restauration ne peuvent être imposés que par une loi qui les déclare d'utilité publique (art. 2). La mise en défens est prononcée par un décret rendu en conseil d'État (art. 7). La loi ou le décret fixe les limites du terrain auquel s'appliqueront les travaux ou l'interdiction de dépaissance.

Dans tous les cas, cette fixation est précédée :

1° D'une enquête ouverte pendant 30 jours dans chacune des communes intéressées ;

2° D'une délibération des conseils municipaux de ces communes;

3° De l'avis du conseil d'arrondissement et de celui du conseil général;

4° De l'avis d'une commission spéciale composée : du préfet ou de son délégué, président, avec voix prépondérante;

D'un membre du conseil général et d'un membre du conseil d'arrondissement, autres que ceux du canton où se trouve le périmètre des terrains;

De deux délégués de la commune intéressée;

D'un ingénieur des ponts et chaussées ou des mines;

D'un agent forestier.

Cette commission est convoquée par arrêté spécial du préfet. (Décret 11 juill. 1882, art. 6.)

Lorsqu'il y a lieu d'exécuter des travaux de *restauration*, la loi qui les ordonne est publiée et affichée dans les communes intéressées; le préfet fait, en outre, notifier aux communes, établissements publics ou particuliers, un extrait du projet et du plan contenant les indications relatives à leurs propriétés (art. 3). Dans le périmètre fixé par la loi, les travaux de restauration sont exécutés par les soins de l'administration forestière aux frais de l'État. Préalablement, les terrains sont acquis par voie amiable ou par voie d'expropriation, à moins toutefois que la commune propriétaire ne s'entende avec l'État pour exécuter les travaux indiqués (art. 4 § 2; décret du 11 juill. 1882, art. 9-13).

En dehors des périmètres fixés, les communes restent libres d'entreprendre ou non des travaux de restauration sur leurs terrains. Les travaux sont alors encouragés par des subventions qui consistent soit en délivrance de graines ou de plants, soit en argent, soit en travaux (art. 5; — Décret 11 juill. 1882, art. 14-15).

Les terrains ainsi restaurés et plantés ne peuvent être défrichés; ils sont exempts de l'impôt foncier pendant 30 ans; mais ils sont soumis de plein droit au régime forestier dès lors que le reboisement a été opéré avec subvention de l'État. (Cf. Code for. art. 90, 91, 100, 110, 112, 144 et suiv., 192 et suiv.)

Lorsque la situation des terrains en montagne est moins grave et le danger moins redoutable, il y a lieu seulement à la *mise en défens*. Cette *mise en défens* est prononcée par un décret rendu en conseil d'État, et non plus par une loi comme la *restauration;* sa durée maximum est de dix ans. Pendant le temps de la mise en défens, une indemnité annuelle fixée amiablement ou après expertise devant le conseil de préfecture est versée à la caisse municipale. « La somme représentant la perte éprouvée par les communes à raison de la suspension de l'exercice de leur droit d'amodier les pâturages ou de les soumettre à des taxes locales, sera affectée aux besoins communaux, et le surplus et même le tout s'il y a lieu, sera distribué aux habitants par les soins du conseil municipal. » (Loi de 1882, art. 9). L'État exécute sur les terrains interdits les travaux que bon lui semble, mais sans pouvoir en changer la nature. Les délits commis sur ces terrains sont assimilés aux infractions forestières (art. 11).

Si, après l'expiration du délai de dix ans, l'administration forestière jugeait nécessaire de maintenir la mise en défens, l'État devrait acquérir les terrains, à l'amiable ou par voie d'expropriation.

B. *Réglementation des pâturages communaux en montagne.* (Loi du 4 avr. 1882, art. 12 à 15. — Décret du 11 juill. 1882, art. 23 à 26.)

L'article 12 de la loi est ainsi conçu : « Dans l'année qui suivra la promulgation de la présente loi, et, à l'avenir, avant le 1er janvier de chaque année, les communes dont les noms seront inscrits au tableau annexé au règlement d'administration publique prévu par l'article 23, devront transmettre au préfet du département un règlement indiquant la nature et les limites des terrains communaux soumis au pacage, les diverses espèces de bestiaux et le nombre de têtes à y introduire, l'époque du commencement et de la fin du pâturage, ainsi que les autres conditions relatives à son exercice. »

Le but de cette réglementation est de réprimer dans les montagnes l'abus de la dépaissance, une des causes les plus actives de la dégradation du sol. L'abus consiste à mettre dans un pâturage un nombre de bêtes supérieur à celui qu'il peut nourrir, et à les y mettre avant le temps où l'herbe et le sol sont en état de les recevoir. Pour y porter remède, il faudra, aux termes des rapports produits devant les Chambres, ne laisser paître dans les pâturages que la quantité et l'espèce de bêtes qu'ils peuvent nourrir sans excéder leur possibilité, et cela seulement, lorsque l'herbe est assez grande et le sol assez ferme pour qu'aucun dommage n'en puisse résulter (1).

Les dispositions de la loi de 1882 ne s'appliquent qu'à certains pâturages communaux et point du tout aux pâturages particuliers. Cette distinction est justifiée. Les particuliers aménageront toujours leurs propriétés avec un soin suffisant; leur intérêt même en est la garantie. Au contraire, il est constant que les communes en général ne protègent pas suffisamment leurs pâturages contre les abus provenant du fait des habitants. Chacun, en effet, tend à tirer la plus grande jouissance possible d'un bien qu'il ne possède pas en propre, et cela au détriment de la propriété commune. Or il importait particulièrement de ne point laisser détruire les gazons dans certaines pentes de montagne, et cela non pas seulement pour le profit que l'habitant peut tirer d'un terrain productif, mais aussi et dans un but d'utilité générale, pour éviter les effets destructifs des pluies et inondations. Ce ne

(1) Rapport de M. Maigne du 21 juill. 1881 (*Journal officiel* du 14 août 1881, annexe n° 3981, p. 1552; Dalloz, 1882, 4, 94, note 1). — Rapport de M. Eugène Michel du 26 mai 1879 (*Journal officiel* du 16 juin 1879, annexe n° 188).

sont pas du reste toutes les communes qui sont soumises à la réglementation, mais quelques-unes seulement inscrites sur un tableau revisé annuellement. (Décret du 11 juill. 1882, art. 23.)

La loi n'enlève pas aux communes leur droit de régler le mode de jouissance et la répartition des pâturages ; mais il faut que les délibérations prises par les conseils municipaux soient sanctionnées par l'approbation préfectorale. Chaque commune soumise à cette obligation devra donc transmettre au préfet un projet de règlement qui, aux termes de l'article 24 du décret du 11 juillet 1882, devra indiquer notamment : la nature, les limites, la superficie totale des terrains communaux soumis au pâturage; les limites, l'étendue des cantons qu'il y a lieu d'ouvrir aux troupeaux dans le cours de l'année; les chemins par lesquels les bestiaux doivent passer pour aller au pâturage ou au pacage et en revenir; les diverses espèces de bestiaux et le nombre de têtes qu'il convient d'y introduire; l'époque à laquelle commence et finit l'exercice du pâturage suivant les cantons, et la catégorie des bestiaux; la désignation du pâtre ou des pâtres communs choisis par l'autorité municipale pour conduire le troupeau de chaque commune ou section de commune, et toutes autres conditions d'ordre et de police relatives à l'exercice du pâturage.

Le préfet communique immédiatement le projet de règlement au conservateur des forêts. (Décret du 11 juill. 1882, art. 24.) Ce projet est publié et affiché ; les intéressés peuvent adresser leurs réclamations au préfet dans le mois de la publication. (Ibid., art. 25.)

Lorsque les communes n'ont pas soumis à l'approbation du préfet le projet de règlement, ou n'ont pas consenti à le modifier dans le sens indiqué par l'administration, la loi substitue au conseil municipal le préfet, en donnant à ce dernier le pouvoir de dresser d'office le règlement de l'exercice du pâturage. Dans ces différents cas, le préfet doit prendre au préalable l'avis d'une commission spéciale composée du secrétaire général ou du sous-préfet président, d'un conseiller général et du plus âgé des conseillers d'arrondissement du canton, d'un délégué du conseil municipal de la commune et de l'agent forestier. (Loi du 4 avr. 1882, art. 13.)

Si le projet de règlement n'a donné lieu à aucune réclamation, il est rendu exécutoire par le préfet. (Même loi, art. 14.) Malgré le renvoi que fait cet article à l'article précédent, il est bien certain que sa disposition vise les règlements délibérés par le conseil municipal. Ceux qui sont dressés d'office par le préfet, constituent des arrêtés préfectoraux soumis au droit commun ; ils sont exécutoires après notification au maire de la commune intéressée. (Décret du 11 juill. 1882, art. 26.)

Enfin l'article 15 de la loi de 1882 statuant sur les contraventions aux règlements de pâturage, se réfère aux articles 137 et suivants du Code d'instruction criminelle et aux articles 471 et 474 du

Code pénal, avec application de l'article 463, s'il y a lieu.

Projet de loi de 1868 *sur l'amélioration des communaux.* — En 1868, un projet de loi sur l'amélioration des communaux fut élaboré, après plusieurs années d'enquêtes et d'études, par une commission réunie au Ministère de l'Intérieur.

La chute de l'Empire ne permit pas d'y donner suite.

Nous n'avons pu retrouver ce document. Nous savons seulement que le rapporteur du projet était le savant M. Aucoc. (1)

Nous ne pouvons que transcrire l'analyse de ce projet qui a été publiée par M. de Crisenoy; on y trouvera une idée très complète des réformes proposées. (2)

« Le projet, dit M. de Crisenoy, établissait deux régimes différents : un régime commun s'appliquant à tous les biens communaux en général, et un régime spécial réservé aux départements où les communes sont divisées en un grand nombre de

(1) Par une lettre en date du 31 mai 1898, M. Aucoc a bien voulu nous donner de mémoire quelques renseignements sur ce projet, mais sans pouvoir nous indiquer s'il avait été ou non publié.

(2) J. de Crisenoy, *Statistique des biens communaux*, 1887, p. 12 et 13. Nous avions terminé ce travail, lorsque M. de Crisenoy ancien conseiller d'État, a eu l'obligeance de nous informer que le projet de loi et le rapport de M. Aucoc avaient été imprimés à l'imprimerie *impériale*.

sections. Les huit départements de l'Aveyron, du Cantal, de la Corrèze, de la Creuse, de la Loire, de la Haute-Loire, du Puy-de-Dôme et de la Haute-Vienne, étaient nominalement désignés dans la loi, et le gouvernement aurait eu la faculté d'augmenter la liste suivant les besoins.

Le régime commun, consistait à donner aux conseils généraux le pouvoir d'obliger les communes à mettre en valeur tout ou partie de leurs biens, soit par amodiation aux enchères publiques, soit par concession de jouissance, avec redevances, de lots d'égale valeur aux ayants droit à la jouissance commune.

Le régime spécial s'appliquait aux biens sectionnaires des départements ci-dessus désignés. Indépendamment de l'aliénation et de l'amodiation aux enchères publiques, ces biens pouvaient être mis en valeur soit par concession en toute propriété, soit par allotissement de jouissance de lots d'égale valeur entre *les propriétaires ayant feu* dans la section, sauf les cas où des titres authentiques ou des usages locaux justifieraient une autre base de répartition.

C'était encore le conseil général qui devait régler souverainement ces questions, sous la réserve que le prix à payer par les concessionnaires en toute propriété ne dépassât pas le tiers de la valeur des lots et ne fût pas inférieur au cinquième, et que la durée des allotissements de jouissance ne fût pas inférieure à neuf ans ni supérieure à ving-sept ans. En cas de concession en toute propriété, une portion du produit de l'opération, du dixième au moins, devait être versée dans la caisse communale pour être consacrée aux besoins généraux de la commune.

En résumé, cette législation aurait eu pour résultat : 1° de contraindre les communes à mettre en valeur leurs biens ; 2° d'autoriser le partage à prix réduit des biens sectionnaires dans les départements désignés ; 3° d'y substituer pour le partage, les propriétaires ayant feu dans la circonscription aux simples habitants ; 4° d'attribuer aux tribunaux administratifs le jugement des réclamations relatives à la jouissance ou à la répartition des biens communaux, en mettant ainsi fin à des variations de jurisprudence très préjudiciables aux intérêts en cause. »

Quelques mots nous suffiront pour apprécier les différents chefs de cet important projet. Nous insisterons par la suite sur certaines des mesures proposées.

1° Pour nous, sauf des motifs graves d'utilité publique, ni l'État ni les conseils généraux ne doivent être substitués aux conseils municipaux qui seuls sont les maîtres des biens de la commune. L'amélioration des communaux ne regarde que les conseils municipaux ; la commune doit rester maîtresse chez elle. Nous l'avons déjà dit.

2° L'autorisation du partage à prix réduit des biens sectionnaires, dans les départements montagneux du massif central de la France, semble devoir s'imposer. Cette mesure a presque toujours été réclamée par les conseils généraux de ces pays, surtout ceux de la Creuse et de la Haute-Vienne (1).

Déjà, en 1860, M. du Miral rapporteur de la loi du 28 juillet sur les biens communaux, avait demandé par un amendement au projet de loi que le partage des communaux pût être ordonné sur la demande des intéressés. Cet amendement qui donnait satisfaction aux vœux depuis longtemps exprimés par le conseil général du département de la Creuse fut repoussé par le conseil d'État (2).

3° La base proposée pour le partage est simple. Elle ne concilie pas cependant tous les intérêts : un habitant qui n'aurait pas possédé à titre de propriétaire, n'aurait point bénéficié du partage. Mais d'autre part, il est logique de repartir les communaux parmi les exploitations et de distribuer la terre à ceux-là qui ont réellement le moyen de la mettre en valeur. C'est la mise en œuvre de cet aphorisme des pays sectionnaires, rapporté par M. Juillet Saint-Lager : « Il faut que les *terres froides*, c'est-à-dire les communaux, soient rattachées à la propriété des *terres chaudes* ou terres cultivées (3). »

(1) En 1843, en 1846, en 1853, en 1857, en 1863. Voir : Caffin, *Des droits de propriété des communes sur les biens communaux*, 1860, p. 104, note. — Aucoc, *Des sections de commune*, 2e édit. ch. VII, § 6, p. 469-492. — Juillet Saint-Lager, *De l'avenir des biens communaux en France*, 1882, p. 16.

(2) Voir sur cet amendement et la question du partage des communaux : Aucoc, *op. cit.*, p. 469 et suiv. — Cf. Juillet Saint-Lager, *op. cit.*, p. 24 et 25.

(3) Juillet Saint-Lager, *op. cit.*, p. 25.

4° Le projet de loi en établissant clairement les règles de la compétence pour toutes les questions relatives à la jouissance et à la répartition des biens communaux, rendait un véritable service aux intéressés. Nous le verrons, rien n'a été plus instable que la jurisprudence en pareille matière et c'est à peine si aujourd'hui encore cette jurisprudence est fixée.

§ 3. *Principes d'administration des communaux d'après nos lois municipales.* — La loi du 28 pluviôse de l'an VIII (17 févr. 1800) qui a organisé en France les administrations départementales et communales telles que nous les possédons aujourd'hui, cette loi, avait laissé la commune sous l'étroite tutelle du gouvernement.

Cependant par l'article 15 le conseil municipal était appelé à *régler* « le partage des affouages, pâtures, récoltes et fruits communs ».

La loi du 18 juillet 1837 sur l'organisation municipale vint donner aux conseils *électifs* une importance considérable en élargissant la sphère de leurs attributions et surtout en leur donnant le pouvoir d'empêcher un acte d'administration auquel ils n'auraient point préalablement consenti.

L'article 17 de cette loi énumérait *limitativement* les objets sur lesquels le conseil municipal obtenait un pouvoir propre.

« Les conseils municipaux *règlent* par leurs délibérations les objets suivants : 1° le mode d'a dmi nistration des biens communaux;.... 3° le mode de jouissance et la répartition des pâturages et fruits communaux autres que les bois, ainsi que les conditions à imposer aux parties prenantes; 4° les affouages en se conformant aux lois forestières. »

La loi du 24 juillet 1867 augmenta le nombre des délibérations réglementaires des conseils municipaux, mais toujours par une énumération *limitative*. (Art. 1, 2 et 3.)

Enfin la loi municipale actuelle du 5 avril 1884 consacre le pouvoir propre du conseil municipal vis-à-vis des affaires de la commune. Ce qui était l'exception est devenu la règle : « Le conseil municipal *règle par ses délibérations les affaires de la commune.* » (Loi du 5 avr. 1884, art. 61).

Toutes les délibérations prises par un conseil municipal sur les affaires de la commune sont exécutoires, à l'exception de celles pour lesquelles la loi exige expressément l'approbation de l'autorité supérieure (1). (Art. 68.) Ces délibérations sont exécutoires par elles-mêmes, sauf la nullité de droit ou l'annulation prononcée par le préfet en conseil de préfecture. (Art. 62-67.)

(1) Léon Morgand, *La loi municipale*, 4e édit, 1892, t. I, p. 331. — Joseph Brest, *De l'administration des biens communaux* (Thèse de doctorat). Paris, 1885, p. 125.

DEUXIÈME PARTIE

RÉGIME LÉGAL DES BIENS COMMUNAUX

Après avoir établi brièvement comment et par qui sont administrés les communaux, nous entreprendrons immédiatement avec l'affouage (1), l'étude de la jouissance des bois communaux. *L'affouage* est d'une nature spéciale; mais la répartition de cette jouissance est la seule qui soit soumise aujourd'hui à des règles précises. Ces règles ne s'appliquent point forcément à toutes les autres jouissances communales, cependant les habitudes administratives, la jurisprudence même tendent à généraliser certaines des conditions d'après lesquelles l'affouage est réparti. Il y a donc intérêt à envisager de prime abord cette sorte de jouissance commune, la plus importante et la mieux définie.

Nous décrirons ensuite les jouissances autres que l'affouage.

(1) Une partie des développements qui vont suivre, principalement au sujet de l'affouage, est empruntée à notre étude : *Le domaine privé de la commune.* (Paris, Larose, 1896.)

Nous signalerons les règles de compétence qui s'appliquent à toutes les jouissances communes.

Enfin nous indiquerons quels sont les principaux actes de gestion des conseils municipaux vis-à-vis des biens communaux; *amodiation*, *vente*, *partage*.

CHAPITRE PREMIER

GÉNÉRALITÉS

La commune, personne morale, est représentée par le conseil municipal à la tête duquel est placé le maire. Le conseil municipal décide, le maire seul exécute. Depuis la loi du 28 pluviôse de l'an VIII, la législation de 1790 a été abolie : l'action administrative n'est plus exercée collectivement par la municipalité.

Nous rechercherons ici quel est le rôle du conseil municipal et du maire vis-à-vis des communaux. En principe, le conseil municipal règle librement l'usage de ces biens. (Loi du 5 avr. 1884, art. 61.) Les restrictions du Code forestier sont des exceptions à la règle générale; nous les ferons bientôt connaître.

Comme chef de l'association communale, le maire est chargé de conserver et d'administrer les propriétés de la commune. Il les administre suivant les décisions du conseil municipal. (Loi du 5 avr. 1884, art. 90 § 1.)

Les décisions prises par le conseil municipal pour déterminer le mode de jouissance des biens communaux ont le caractère de règlements de police. Ces règlements s'imposent aux tribunaux tant qu'ils n'ont pas été réformés par l'autorité compétente; ils trouvent leur sanction dans l'article 471 § 15 du Code pénal.

Le maire, vis-à-vis des fruits communaux, ne peut que prendre des arrêtés ayant pour objet l'exécution des délibérations du conseil municipal ou des mesures concernant la police des lieux (1).

L'autorité supérieure exerce une surveillance générale sur les décisions des conseils municipaux : le préfet est chargé par la loi de prononcer la nullité de droit ou l'annulation de toute délibération entachée d'un vice légal. (Loi du 5 avr. 1884, art. 63-67.)

Dans certains cas limitativement énumérés, les droits de l'autorité supérieure sont plus étendus; alors la délibération du conseil municipal n'est plus *réglementaire*, mais exécutoire seulement *après approbation*. (Loi du 5 avr. 1884, art. 68.) Ce sont là des principes généraux que nous rappelons sans vouloir les étudier.

Détermination et conditions de la jouissance. Taxes diverses. — Le conseil municipal décide à quels biens communaux s'appliquera la jouissance commune. Il est investi également du pouvoir de répartir les pâturages et fruits communaux; il règle les conditions à imposer aux parties pre-

(1) Dalloz, *Code administratif annoté*, v° *Commune*, n° 1911 et suiv. — Cf. Béquet, *Répertoire du Droit administratif*, v° *Commune*.

nantes. Ces dispositions de la loi du 18 juillet 1837 (art. 17) sont reproduites par l'article 61 de la loi du 5 avril 1884.

Le conseil municipal dresse, d'après les renseignements qui lui sont fournis par le maire ou qui résultent des demandes et observations adressées par les intéressés, la liste des ayants droit à la jouissance commune; il apprécie les réclamations qui peuvent être présentées; enfin, comme condition de la jouissance, il peut imposer une redevance ou cotisation payable par chacun à la caisse municipale (art. 140 de la loi du 5 avr. 1884 emprunté à la loi du 18 juill. 1837, art. 44).

Cependant, en ce qui concerne spécialement la cotisation ou taxe à percevoir, la délibération du conseil n'est pas *réglementaire*, mais obligatoire seulement après approbation du préfet. (Loi du 5 avr. 1884, art. 68 § 7, 140 et 133 § 1.) Le législateur n'a pas voulu que ces taxes si variées pussent par un *quantum* excessif dégénérer en impôts nouveaux.

La taxe est destinée à couvrir les dépenses inhérentes à la jouissance des fruits, comme la façon des bois d'affouage ou le salaire du pâtre commun.

La taxe ne saurait être établie en vue de couvrir l'impôt foncier qui frappe les biens communaux (1).

(1) Tous les biens de la commune (patrimoniaux et communaux) payent l'impôt foncier, à moins qu'ils ne soient affectés à un service public comme les écoles, les mairies, les casernes, etc. (Décret du 11 août 1808).

Cette solution, favorable aux indigents, résulte de la jurisprudence du conseil d'État qui admet comme étant encore en vigueur l'article 2 de la loi du 26 germinal an XI (1). L'impôt foncier des communaux en cas d'insuffisance des revenus de la commune, doit être acquitté sur le produit des centimes additionnels.

Les biens communaux sont en outre soumis à la taxe spéciale dite des *biens de main-morte*. Établie par la loi du 20 février 1849, cette taxe annuelle représente l'équivalent des droits d'enregistrement sur les transmissions entre-vifs et par décès. La loi du 30 mars 1872, article 5, en a fixé le taux à 70 centimes par franc du principal de la contribution foncière, plus les décimes.

Ces contributions sont rangées par l'article 136, § 16 de la loi du 5 avril 1884, parmi les dépenses obligatoires des communes.

Lorsque les habitants ont des droits inégaux dans l'exercice du droit d'usage, la répartition de la contribution est faite par le maire de la commune avec autorisation du préfet, au prorata de la part qui appartient à chacun. Si le droit est le même pour tous les habitants, la dépense est couverte pas une addition au principal des quatre contributions directes (2).

(1) Cons. d'Ét., 9 août 1855 (D. 56, 3, 30). — Cons. d'Ét., 4 mars 1858 (D. 59, 3, 39). — Voir sur cette question : Dalloz, *Code administratif annoté*, v° *Commune*, n° 8841 et 10206 et suiv. où l'on trouvera la loi du 26 germinal de l'an XI.

(2) Loi du 26 germinal an XI modifiée par la loi de finances

Les pâtres communs sont nommés et révoqués par le maire (loi du 5 avr. 1884, art. 88). Le Code forestier, pour ce qui est des usages dans les bois de l'État, exige que les troupeaux soient toujours conduits par le pâtre et non pas en garde séparée. (C. for., art. 72. — Cass. 4 avr. 1840.)

Faut-il, pour que la taxe de pâturage soit due, que l'habitant ait manifesté par une déclaration formelle son intention de faire paître ses animaux et en ait indiqué le nombre? Une distinction est nécessaire et résulte nettement des décisions de la jurisprudence. Lorsque les règlements n'exigent aucune déclaration, ou qu'en fait ces déclarations ne se font pas, un intéressé ne saurait se prévaloir de cette circonstance, pour se soustraire au paiement de sa part contributive dans les charges communes. Il suffit qu'un propriétaire ait effectivement conduit plusieurs fois ses bestiaux au pâturage, pour qu'il soit tenu de payer la taxe. (Cons. d'Ét., 19 mars 1880; Dalloz, 1880, 3, 108.) Dans les communes où les règlements locaux prescrivent une déclaration formelle des habitants qui entendent profiter du pâturage, le propriétaire qui n'a pas déclaré son intention et qui, en fait, a envoyé ses bestiaux sur la pâture communale, peut être poursuivi en indemnité à raison de ce fait, mais ne saurait être porté d'office au rôle des imposés à la taxe (1).

du 15 mai 1818. — Batbie, *Traité théorique et pratique de droit public et administratif*, 1re édit., t. V, n° 95, p. 84. — Dalloz, 77, 3, 85, note 2.

(1) Cons. d'Ét., 7 nov. 1873; D. 74, 3, 77. — 1er févr. 1878;

Les taxes particulières de pâturage, affouage, etc., sont établies sur un rôle nominatif et assimilées pour le recouvrement aux contributions directes. (Loi du 5 avr. 1884, art. 140.) Il appartient donc au conseil de préfecture, de connaître des réclamations qui seraient formées pour en obtenir décharge ou réduction.

Régime forestier des bois communaux. — Lorsque les bois communaux sont reconnus susceptibles d'aménagement ou d'une exploitation régulière, ils sont soumis au régime forestier, et exploités sous la direction et la surveillance de l'administration forestière. (C. for., art. 1 et art. 90.)

On a voulu, et non sans raison, protéger les communes contre une mauvaise exploitation résultant de leur inexpérience ou de l'imprévoyance. L'importance des bois communaux est considérable (1) et la valeur des produits mérite une administration sûre et éclairée.

Une des conséquences du régime est l'application dans les bois communaux du *quart en réserve;* toutefois cette disposition ne s'applique pas aux bois totalement peuplés en arbres résineux, ou encore si la commune ne possède pas au moins dix hectares de bois réunis ou divisés. (C. for., art. 93.)

L'administration forestière peut proposer et par-

D. 78, 3, 53. — 21 juill. 1882; D. 83, 5, 97. — 30 nov. 1883; Lebon, p. 860.

(1) A la fin de 1877, les biens communaux étaient répartis sur une superficie de 4.316.310 hectares, dont 2.058.707 hectares de bois. (J. de Crisenoy, *Statistique des biens communaux*, p. 1.)

fois faire imposer à la commune la conversion de prés-bois ou pâturages en bois soumis au régime forestier (1).

Les communes ne peuvent défricher leurs bois sans une autorisation expresse et spéciale du gouvernement. (C. for., art. 91 et art. 219 et suiv.)

Cette dernière disposition, à l'époque où fut promulgué le Code forestier, s'étendait même au bois des particuliers. Aujourd'hui et depuis la loi du 18 juin 1859 (C. for., titre XV), les particuliers peuvent en principe défricher, sous la condition d'en faire la déclaration quatre mois à l'avance à la sous-préfecture. L'autorité forestière ne peut plus excercer son droit d'opposition que dans des cas particuliers limitativement énumérés. (C. for., art. 220.)

Les communes, comme l'État, peuvent affranchir leurs bois des droits d'usage qui les grèvent au moyen du cantonnement et du rachat. (C. for., art. 42 et art. 63, 64.)

Les produits principaux des forêts communales ne sont jamais affermés; il n'y a d'exception à cette règle que pour les produits accessoires comme la chasse. Ces produits, selon que le conseil municipal en décide, sont soumis à la jouissance commune ou vendus au profit de la caisse municipale.

Les bois se composent de taillis et de futaies. La jouissance commune appliquée aux taillis s'ap-

(1) C. for., art. 90, 4°. — Dalloz, *Code forestier annoté*, art. 90, nos 211-247.

pelle *l'affouage*, appliquée à la futaie elle prend le nom de *maronage*. Certaines communes distribuent ainsi et le bois de chauffage et le bois de construction ; d'autres plus nombreuses ne distribuent que le bois de feu et vendent à leur profit les pieds d'arbres frappés à l'abandon.

CHAPITRE II

L'AFFOUAGE ET LE MARONAGE

L'affouage est le droit qui appartient aux habitants, chefs de famille dans une commune, de prendre en cette double qualité une part du produit des forêts communales. Ce droit s'applique le plus ordinairement au bois de chauffage; lorsqu'il s'étend au bois de construction, il prend le nom particulier de *maronage*.

Nous ne devons parler ici que de l'affouage communal, c'est-à-dire de celui qui s'exerce sur des bois communaux. Un droit réel du même genre pourrait être exercé aussi sur des forêts appartenant à l'État ou à des particuliers; mais sa nature est toute différente, et on l'appelle alors *droit d'affouage*. Lorsque nous chercherons à déterminer le caractère juridique de l'affouage, nous montrerons la différence qui sépare ces deux sortes de droits.

§ 1. *Historique de l'affouage.*

Chez les Bourguignons, chez les Francs Ripuaires, des dispositions légales permettaient à tout habitant de prendre sur le terrain d'autrui les menus bois nécessaires à son usage. Le propriétaire ne pouvait s'y opposer, ni exiger une rémunération. C'était là plutôt un droit d'usage dans les forêts d'autrui, que l'exercice d'un droit communal (1).

Le véritable droit d'affouage est néanmoins d'origine fort ancienne. Dès le treizième siècle on trouve le mot *affoagium* dans les chartes; mais l'institution devait remonter plus haut encore. On rencontre aussi à la même époque le mot *confoagium* (2). Ces expressions se rattachent de près à *focus*, *feu*, *foyer*, ce qui montre que le partage des bois d'affouage se faisait par feux (3).

L'affouage était plus commun dans la Lorraine que dans les autres provinces de la France. Le seigneur haut justicier prenait sa part de l'affouage, qui était double, et s'il était absent, son fermier la recevait à son lieu et place (4). Du reste, les modes de distribution différaient selon les provinces et variaient à l'infini. L'ordonnance d'août 1669 consacra sur ce point les diverses coutumes : « Les

(1) Dalloz, *Répertoire*, v° *Forêts*, nos 17, 18.

(2) Du Cange, *Glossarium*, v° *Affoagium*, *Confoagium* et *Scazudia*.

(3) Cf. La Curne de Sainte-Palaye, *Dict. hist. de l'ancien langage français*, t. I, v° *Affouage*. — Id., v° *Fournage*, t. VI. Par une confusion des termes, on a parfois, avant la Révolution, appelé affouage au lieu de *fouage*, l'impôt perçu par feu, c'est-à-dire par famille.

(4) Nouv. Cout. de Lorraine, art. 127, 286. — Ragueau, revu par Eusèbe de Laurière, *Glossaire du droit français*, v° *Affouage*. (Édition publiée par L. Favre, Niort, 1882.) — Encyclopédie méthodique : Jurisprudence, t. I, v° *Affouage*.

coupes seront faites à tire et aire, à fleur de terre, par gens entendus... pour être ensuite distribuées suivant la coutume (1). » Mais, en même temps, l'ordonnance restreignait le droit d'affouage, car elle mettait en réserve le quart des bois communaux, ne permettant de livrer en coupes réglées que le surplus : « Le quart des bois communs sera réservé pour croître en futaie dans les meilleurs fonds et lieux plus commodes, par triages et désignation du grand maître ou des officiers de la maîtrise par son ordre (2). »

Ce ne fut qu'au dix-huitième siècle, et seulement en Lorraine, qu'on essaya d'introduire des règles générales pour la distribution des bois d'affouage. En ce sens, il faut mentionner les déclarations des 31 janvier et 13 juin 1724 (3), les lettres patentes du 3 février 1747 et l'arrêt du conseil du 9 février 1754 relatif au comté de Salm. Un arrêt du roi de Pologne, duc de Lorraine, en date du 18 janvier 1738, défend aux communautés de la province de vendre, soit en gros, soit en détail, les bois destinés aux affouages. Un autre arrêt du conseil du même prince, du 21 mars 1757, ordonne

(1) Titre XXV, art. 11. (Isambert et Decrusy, t. XVIII, p. 281.)

(2) Id. art. 2. — Déjà un édit du 8 octobre 1561 avait prescrit « que le tiers des bois taillis du royaume, tant ceux du domaine de la couronne que ceux des archevêques, évêques et autres gens d'église, serait conservé pour croître en haute futaie ». (Isambert, t. XIV, n° 36, p. 122.) — Un édit d'août 1573 réduisit cette réserve au quart.

(3) F. Lélut, *De la distribution de l'affouage aux habitants des communes* (Revue de législat. et de jurisprud., 1851, t. I, p. 49).

que les officiers des maîtrises seront tenus de délivrer annuellement les affouages des communautés avant le 1er décembre, afin que les habitants puissent en jouir pendant l'hiver.

La législation de l'époque révolutionnaire, si favorable aux idées d'uniformité et de centralisation, devait réformer aussi la matière de l'affouage. Cependant l'Assemblée constituante ne crut pas devoir toucher aux usages existants. Dans le but de prévenir les interprétations diverses qui auraient pu être données aux décrets rendus les 26 septembre, 29 novembre et 17 décembre 1789, elle déclara le 21 mai 1790, que « par lesdits décrets, elle n'avait entendu apporter aucun changement à la manière dont les bois communaux en usance devaient être distribués entre les ayants droit ».

Ce furent l'Assemblée législative et surtout la Convention qui bouleversèrent les règles préexistantes. Nous avons déjà analysé les lois du 14 août 1792 et du 10 juin 1793. Le décret du 14 août 1792 ordonna le partage entre les habitants de chaque commune de tous les terrains communaux *autres que les bois*. La loi du 10 juin 1793 rendit facultatif le partage des terrains communaux, tout en maintenant l'exception relative aux bois; mais elle introduisit l'idée nouvelle du partage par tête des biens communaux. Cette idée fit fortune, et fut aussitôt appliquée au partage des produits des bois communaux; le 26 nivôse an II, la Convention décréta que les bois alors coupés et provenant des biens communaux seraient partagés par tête entre les habitants.

Ce dernier décret ne fut pas strictement exécuté; beaucoup de communes conservèrent leurs usages. Un décret impérial du 9 brumaire an XIII (31 oct. 1804), autorisa les habitants à conserver leur ancien mode de partage, et deux avis du conseil d'État des 4 juillet 1807 et 12 avril 1808, relatifs au partage des biens et des bois communaux indivis entre plusieurs communes, déclarèrent que dans ce cas, les biens et bois devaient être partagés suivant le nombre des feux de chaque commune et non d'après le nombre des habitants. Ces avis rendus par forme d'interprétation de la loi de 1793 étaient approuvés par l'empereur et avaient force de loi. Ils n'étaient relatifs qu'au partage des biens et des bois indivis entre les communes; mais le conseil d'État déclarait formellement dans le plus récent de ces avis que cette innovation concernait aussi l'affouage, c'est-à-dire les produits aussi bien que le fonds. Aussi le mode de partage par feu, c'est-à-dire « par chef de famille ayant domicile » (avis du 26 avr. 1808), fut-il adopté dans beaucoup de communes pour la distribution de l'affouage; l'application cependant ne fut pas générale, et il y eut des communes qui continuèrent à partager autrement (1).

Le Code forestier (loi du 21 mai 1827) prescrivit

(1) E. Meaume, *Des droits d'usage dans les forêts, de l'administration des bois communaux et de l'affouage*, 1847, t, II, n° 500, p. 88.

une règle uniforme de distribution, mais seulement dans les localités où il n'existait ni titre ni usage contraire. Aucune voix ne s'éleva d'ailleurs, lors de la discussion, contre le partage par feu. L'article 105 du Code forestier était ainsi conçu :

« S'il n'y a titre ou usage contraire, le partage des bois d'affouage se fera par feu, c'est-à-dire par chef de famille ou de maison ayant un domicile réel et fixe dans la commune; s'il n'y a également titre ou usage contraire, la valeur des arbres délivrés pour constructions ou réparations sera estimée à dire d'experts et payée à la commune. »

Dans le projet, l'exception n'avait été appliquée qu'au *titre*; on voit qu'elle a été étendue aux *usages contraires*. Le projet ne parlait aussi que des chefs de famille, on proposa de substituer les mots *chefs de maison* aux mots *chefs de famille*, et la Chambre joignit les deux expressions.

Tel était l'article 105 du Code forestier de 1827. Il distinguait pour l'affouage proprement dit et pour le maronage des modes de distribution différents. Ces dispositions furent complétées par l'ordonnance du 1er août 1827 de la façon suivante : « Lorsqu'il y aura lieu à l'expertise prévue par l'article 105 du Code forestier, cette expertise sera faite dans le procès-verbal même de la délivrance par le maire de la commune ou son délégué, par l'agent forestier et par un expert au choix de la partie prenante. Le procès-verbal sera remis au receveur municipal par l'agent forestier. » (Ordonnance, 1er août 1827, art. 143.)

Cependant la rédaction de l'article 105 laissait subsister encore bien des incertitudes. En conservant les anciennes coutumes, on consacrait des inégalités choquantes que les lois de 1793 avaient eu principalement pour but de faire disparaître, et on laissait la porte ouverte aux difficultés d'interprétation et aux conflits.

L'inconvénient du maintien des anciens usages nous est révélé par le soin avec lequel les auteurs posaient des règles, afin de déterminer les qualités que devait présenter l'usage pour faire loi.

« Pour qu'un usage existe réellement, écrivait Migneret, et puisse être considéré comme l'expression tacite de la volonté du peuple et du législateur, il faut nécessairement qu'il s'annonce par des faits et par des circonstances telles qu'il soit raisonnable d'en conclure qu'il est l'expression des mœurs et de la volonté générale. Or, ces circonstances et ces faits doivent se résumer dans les sept caractères suivants que l'usage doit présenter; il doit être : uniforme, public, multiplié, observé par la généralité des habitants, réitéré pendant un long espace de temps, toléré par le législateur, et enfin pratiqué librement sans crainte ni contrainte (1). »

Ce n'est pas là précisément un critérium simple. Encore, une fois l'usage constaté, restait à savoir s'il était de ceux que le législateur avait entendu

(1) Migneret, *Traité de l'affouage dans les bois communaux*, 2e édit., 1844, p. 131 et s., nos 80-87.

maintenir. L'exception de l'article 105 devait-elle être considérée comme s'appliquant sans distinction à tous les usages locaux, ou seulement à certains d'entre eux? D'après Migneret, le Code forestier ne remettait en vigueur que les usages relatifs au partage (1). Au contraire, d'après la jurisprudence de quelques administrations municipales qui s'appuyaient sur l'autorité de Curasson, la loi aurait entendu consacrer tous les usages reconnus dans les diverses localités en matière d'affouage (2). Notamment, on avait considéré comme maintenu, l'usage par suite duquel le nouvel habitant de la commune n'était admis au partage de l'affouage qu'après avoir payé un droit d'entrée. (3). Mais la cour de Colmar (4), et après elle la Cour de cassation, déclarèrent que l'article 105 du Code forestier n'avait pu maintenir un usage par lequel les nouveaux habitants d'une commune ne seraient admis à la jouissance de l'affouage qu'après avoir versé une indemnité à la caisse municipale.

Cet usage en effet, admettant une distinction entre les manants et les bourgeois en refusant aux premiers le bénéfice de l'affouage, était entaché de féodalité et comme tel aboli par la loi constitutionnelle (5).

(1) Migneret, *ibid.*, p. 40 et suiv., n°s 88, 90.

(2) Curasson, *Observations sur Proudhon, Traité des droits d'usage,* 3e édition, 1848, t. II, n° 939, p. 402.

(3) *Journal des conseillers municipaux*, t. II, p. 83; *Journal des communes,* t. VIII, p. 159.

(4) Colmar, 26 nov. 1836; D. 1838, 2, 88.

(5) Cassation, 9 avril 1838; D. 1838, 1, 349.

Si les communes avaient toujours conservé les usages suivis de temps immémorial, si elles n'avaient pas été contraintes de changer le mode de distribution des affouages chaque fois que l'administration leur imposait de nouvelles règles, il n'y aurait eu, au moment de la publication du Code forestier, qu'à constater pour chacune d'elles quels étaient les usages constants et à en faire la base de la répartition de l'affouage. Mais, au moment où le Code fut promulgué, les règlements municipaux étaient dans un désordre complet.

Presque toutes les communes, ayant obéi à l'élan révolutionnaire, avaient de prime abord adopté le partage par tête. Peu à peu, quelques-unes étaient revenues à leurs anciens usages, d'autres avaient suivi les prescriptions de l'administration quelque peu modifiées par les habitudes traditionnelles. Avec la mobilité de la législation, il n'y avait plus de règles fixes. Le législateur de 1827, en conservant les usages locaux, voulait-il consacrer ce qui était pratiqué alors, ou au contraire autorisait-il les communes à revenir à des usages que la Révolution avait fait disparaître? C'était là une source de difficultés incessantes.

Parmi les divers usages anciens qui se trouvaient maintenus par l'effet de l'article 105 du Code forestier, il y en avait un qui méritait tout particulièrement de vives critiques : il était relatif aux bois de construction et consistait à partager la futaie d'après le toisé des bâtiments. Cet usage était principalement en vigueur dans la Franche-Comté.

Proudhon et Curasson se sont faits les défenseurs énergiques de ce mode de distribution. « Les futaies, dit Proudhon, sont exclusivement dévolues aux propriétaires ou possesseurs des maisons de la commune, et elles doivent leur être distribuées dans la proportion du toisé des fonds couverts de bâtiments (1). » — « Le créancier, dit-il ailleurs, c'est la maison, comme c'est la forêt qui est le débiteur (2). » En réalité, ce mode de partage conservait tous les caractères d'un usage féodal. On abandonnait à la généralité des habitants le taillis et les bois de chauffage, tandis que les futaies étaient absorbées pour la majeure partie par les grands propriétaires territoriaux, les industriels, les usiniers; et il pouvait arriver qu'un seul propriétaire réunît à lui seul une quantité de bois de construction plus considérable que dix ou quinze autres ensemble (3). Aussi, ce n'était point sans raison qu'avant la promulgation du Code forestier, l'administration s'était efforcée d'abolir cet usage (4).

A ces difficultés s'en ajoutaient d'autres qui revenaient souvent dans la pratique. Ainsi c'était une question très controversée de savoir s'il fal-

(1) Proudhon, *Traité des droits d'usage*, t. II, nº 923.

(2) Ibid. nº 909.

(3) E. Meaume, *Des droits d'usage*, t. II, nºs 519, 522. — F. Lélut, *De la distribution de l'affouage aux habitants des communes* (Rev. de lég. et de jurispr., 1851, t. I, p. 62). — A. Martinet, *De l'affouage communal*, Paris, 1884, p. 7 (Revue générale d'administration). — Migneret, *Traité de l'affouage*, p. 257 et suiv.

(4) Cf. Avis du Conseil d'État du 2 déc. 1827.

lait ou non admettre les étrangers à l'affouage (1).

Ce fut une loi du 25 juin 1874 qui régla définitivement cette question; ses dispositions du reste ont été reproduites par la loi du 23 novembre 1883 qui, revisant les conditions générales du partage de l'affouage, remplace aujourd'hui l'ancien article 105 du Code forestier. Voici le texte de cette dernière loi :

« S'il n'y a titre contraire, le partage de l'affouage, en ce qui concerne les bois de chauffage, se fera par feu, c'est-à-dire par chef de famille ou de maison ayant domicile réel et fixe dans la commune avant la publication du rôle. Sera considéré comme chef de famille ou de maison, tout individu possédant un ménage ou une habitation à feu distincte, soit qu'il y prépare la nourriture pour lui et les siens, soit que, vivant avec d'autres à une table commune, il possède des propriétés divisées, qu'il exerce une industrie distincte ou qu'il ait des intérêts séparés.

« En ce qui concerne les bois de construction, chaque année le conseil municipal, dans sa session de mai, décidera s'ils doivent être, en tout ou en partie, vendus au profit de la caisse communale ou s'ils doivent être délivrés en nature.

« Dans le premier cas, la vente aura lieu aux enchères publiques par les soins de l'administration forestière; dans le second, le partage aura

(1) Sur cette controverse, voy. Dalloz, *Codes annotés* : Code forestier, nos 61, 63 et les arrêts cités.

lieu suivant les formes et le mode indiqués pour le partage des bois de chauffage.

« Les usages contraires à ce mode de partage sont et demeurent abolis.

« Les étrangers qui rempliront les conditions ci-dessus indiquées ne pourront être appelés au partage qu'après avoir été autorisés, conformément à l'article 13 du Code civil, à établir leur domicile en France. »

Cette loi est très importante. Elle maintient la distinction précédemment établie entre le bois de chauffage sur lequel existe le droit d'affouage proprement dit, et la futaie.

Le partage du bois de chauffage se fait toujours par feu, c'est-à-dire par chef de famille ou de maison ayant un domicile réel et fixe dans la commune lors de la publication du rôle. Le domicile dans la commune fait naître le droit à l'affouage, mais c'est de l'admission au rôle que dépend l'exercice de ce droit (1). Les rôles d'affouage sont des listes préparées par les maires, puis publiées et affichées (2).

Ainsi est abrogée la coutume d'après laquelle on fixait au premier janvier le moment où les habitants devaient avoir domicile dans la commune pour être admis à l'affouage. Une décision minis-

(1) Proudhon, *Traité des droits d'usage*, t. II, n° 954 ; Migneret, *Traité de l'affouage*, n° 156; Meaume, *Des droits d'usage*, t. II, n° 548.

(2) A. Bouquet de la Grye, *Le régime forestier appliqué aux lois des communes et des établissements publics*. Paris, 1883. — Annexes 13 et 14, p. 214 et 215.

térielle du 30 août 1830 (*sic :* déc. min. 22 août 1837), rapportée du reste par une autre du 9 décembre 1832, avait été, dans cet ordre de choses, jusqu'à exiger un an de séjour (1).

Les étrangers ne participent à l'affouage qu'autant qu'ils ont été autorisés à fixer leur domicile en France. Cette autorisation cesse de plein droit après cinq ans, si dans l'intervalle la naturalisation n'est pas obtenue. (Loi 26 juin 1889; C. civ., art. 13.)

Désormais, le conseil municipal décide chaque année s'il sera fait une vente ou un partage des bois de construction. Le partage, s'il est adopté, a lieu d'après les mêmes principes et sur les mêmes bases que pour les bois de chauffage. Tout autre mode de répartition, quels que soient les usages antérieurs, est aboli. Les droits assis sur les anciens titres sont seuls respectés; mais on ne tient plus aucun compte des usages.

Les titres dont il s'agit ici ne sauraient être des actes conventionnels intervenus soit entre les membres d'une même communauté, soit entre les habitants agissant *ut singuli* et la commune. Il faut que ce soient des actes légaux, tels que des ordonnances, des édits (2), ou bien encore, des arrêts de

(1) Recueil des règlements forestiers, t. IV, p. 401 et 591. — Cf. Proudhon, *Traité des droits d'usage*, t. II, nº 955, 957.

(2) Tels sont, pour la Franche-Comté, l'édit du 19 août 1766, relatif aux 36 paroisses riveraines de la forêt de Chaux, et pour la Lorraine, les édits des 31 janvier et 13 juin 1724 (Dalloz, *Code forest. annoté*, art. 105, nºs 325 et suiv.).

règlement émanés de l'autorité compétente ou homologués par elle, et déterminant dans le ressort de la juridiction la répartition de l'affouage. De plus, ces titres doivent remplir les conditions exigées par les articles 1334 et suivants du Code civil, c'est-à-dire être revêtus de toutes les formes voulues pour assurer l'existence des actes de l'autorité publique; il faut enfin qu'ils n'aient pas cessé de recevoir leur exécution pendant un laps de temps qui aurait amené la prescription (1).

Il résulte de tout ce que nous venons de dire au sujet de l'affouage que les droits du conseil municipal en pareille matière sont très limités. Le conseil, en effet, est lié par les prescriptions du Code forestier, notamment par l'article 105. Tout ce qui touche le détail des coupes est réglé exclusivement par les lois forestières. (C. for., art. 90.) Le conseil municipal ne fait guère qu'arrêter la liste des ayants droit. Encore, les délibérations qui portent fixation de la taxe d'affouage doivent-elles être homologuées par le préfet. (Loi du 5 avr. 1884, art 68, § 7 *in fine*, art. 133 et 140.)

§ 2. *Caractère juridique de l'affouage.*

Les développements que nous venons de consacrer aux modifications subies par la législation de l'affouage, nous ont permis d'indiquer les traits

(1) A. Martinet, *De l'affouage communal*, Paris, 1884 (Revue générale d'administration).

principaux du sujet. Avant d'aller plus loin, il importe de nous demander quels sont au juste les caractères du droit d'affouage communal. Quelle est la nature juridique du droit des habitants, *ut singuli*, sur la forêt affouagère? La question est la même pour toutes les jouissances communes, et doit être résolue dans le même sens (1).

Plusieurs systèmes ont été proposés.

D'après l'un, le droit de chaque affouagiste serait un droit de copropriété sur la forêt communale; cela est inadmissible. C'est à la commune envisagée *ut universitas*, comme personne morale, qu'appartiennent les bois communaux; les habitants envisagés *ut singuli* ne sont point copropriétaires par indivis. La propriété appartient à un corps qui ne meurt pas. Les générations futures comme la génération présente profiteront de l'affouage, et les habitants de la commune ne seraient point recevables à demander le partage de la forêt pour s'en attribuer à chacun une part. (C. for., art. 92.)

On a dit dans un second système que le droit d'affouage constituait un usufruit. Il est manifeste qu'il n'en saurait être ainsi. L'usufruit donne le droit de jouir du fonds comme le ferait le propriétaire. Or, la législation forestière enlève aux habitants la jouissance du quart de réserve des forêts communales (C. for., art. 93) ; elle permet aussi de priver l'habitant de tout ou partie des coupes af-

(1) Eugène Cauchy, *De la propriété communale*, p. 62 et suiv.

fouagères, si les charges de la commune l'exigent, et que toute autre ressource fasse défaut. (C. for., art. 109.)

L'affouage serait, d'après un troisième système, un droit d'usage ayant le caractère d'une servitude réelle. Proudhon le définit : « un droit d'usage, servitude réelle, appartenant à l'habitant comme celui qui appartient à un particulier pour son chauffage et l'entretien de sa maison sur le bois d'un autre particulier (1)..... » Nous critiquons précisément cette assimilation faite par Proudhon entre l'affouage des bois communaux et l'affouage sur les bois d'un particulier. Le *droit d'affouage* sur les bois d'un particulier ou sur ceux de l'État est bien un véritable droit d'usage (2); mais il n'en est pas de même de l'affouage dans les bois communaux. Cela pour plusieurs motifs :

1° Le droit à l'affouage n'a aucun des caractères de la servitude réelle; il est attaché, non à un immeuble, mais à la personne de celui qui l'exerce (3).

2° Aux termes de l'article 630 du Code civil, « celui qui a l'usage des fruits d'un fonds ne peut en exiger qu'autant qu'il lui en faut pour ses besoins et ceux de sa famille. » L'affouage, au contraire, n'est pas mesuré et borné aux besoins de l'habitant,

(1) Proudhon, *Traité des droits d'usage*, t. II, n° 905.

(2) Maurice Block, *Dictionnaire de l'administration française*, v° *Usage*.

(3) Dijon, 20 juin 1883; Sirey, 1884, 2e part., p. 190. — Cf. Joseph Brest, *De l'administration des biens communaux*. Thèse de doct., Paris, 1885, p. 145.

puisque la coupe annuelle est entièrement distribuée sans examen préalable des besoins de l'habitant, et que souvent même la part attribuée à chacun excédera sa consommation.

3° L'usager ne peut céder ni louer son droit à un autre (C. civ., art. 631; C. for., art. 83); l'affouagiste, au contraire, peut vendre ou échanger les bois qui lui sont délivrés.

4° L'affouagiste peut, ainsi que nous l'avons dit, être contraint dans certains cas à sacrifier tout ou partie de son droit aux besoins de la commune, ce qui ne peut jamais être imposé à un usager ordinaire.

5° Enfin, en ce qui concerne les futaies, une dernière différence doit être signalée. L'usager ordinaire ne peut obtenir la délivrance d'un arbre de construction, qu'après avoir au préalable démontré le besoin qu'il en a, et en produisant un devis portant l'indication précise de la quantité, de la grosseur et de la qualité des arbres nécessaires aux travaux à exécuter. (C. for., art. 79. — Ordonnance du 1er août 1827, art. 123.) L'affouagiste, au contraire, sans avoir à justifier de ses besoins, doit être compris d'office par le conseil municipal sur la liste annuelle de jouissance.

Reste un quatrième système d'après lequel le droit de l'affouagiste n'étant pas un droit de propriété, ni d'usufruit, ni d'usage, serait un droit *sui generis* (1) que Migneret caractérise ainsi :

(1) Batbie, *Traité théorique et pratique de droit public et administratif*, 2e édit., t. V, n° 96, p. 85.

« Le droit d'un associé sur les bénéfices et le patrimoine de la société dont il est le membre. » D'après cette idée, la commune étant une société, a comme telle, une existence civile propre et distincte de chacun de ses membres; réciproquement chaque membre a une existence, comme particulier, indépendante de sa qualité d'associé. Assurément si la commune n'est pas une société ordinaire, il n'est pas inexact de dire que c'est une association qui y ressemble beaucoup. Cette manière de voir peut d'ailleurs s'appuyer sur la loi du 10 juin 1793 d'après laquelle une commune est une société de citoyens unis par des relations locales (art. 2, sect. 1). La commune comme société a des droits et des obligations particulières; chaque membre a lui aussi à l'égard de la société des droits et des devoirs résultant de l'association. Cette société étant de sa nature perpétuelle, il ne peut jamais y avoir lieu à un partage du fonds social, mais à une répartition des fruits après l'acquittement des charges communes.

Cette théorie nous semble fondée et, en tout cas, l'affouage nous paraît affecter bien davantage les caractères d'une jouissance de société plutôt que ceux de l'usufruit, de l'usage ou de la servitude (1).

(1) Migneret, *Traité de l'affouage*, n°s 9-10. — E. Meaume, *Des droits d'usage*, t. II, n° 497, p. 84. — Dufour, *Traité général de droit administratif*, t. III, n° 164, p. 162. — Dalloz, *Répertoire*, v° *Forêts*, n°s 1762-1765. — Dalloz, *Les Codes annotés, Code forestier*, 1884, p. 300.

§ 3. *Qualités requises de l'affouagiste.*

Nous avons vu que les conditions nécessaires pour avoir droit à l'affouage communal, d'après la loi du 23 novembre 1883, sont les suivantes :

1° Avoir un domicile réel et fixe dans la commune;

2° Être chef de famille ou de maison;

3° Si l'on est étranger, il faut avoir été autorisé conformément à l'article 13 du Code civil à établir son domicile en France.

Des difficultés de détail peuvent encore se présenter dans la pratique; nous ne pouvons en dire que quelques mots, car leur développement appartiendrait à une étude spéciale de l'affouage. Nous devons reconnaître que ces difficultés seront bien moins nombreuses aujourd'hui, depuis que cette matière a été l'objet de dispositions législatives plus précises.

La question de savoir comment s'acquiert le domicile est tranchée. Il suffit d'avoir demeure réelle et fixe lors de la publication du rôle de l'affouage. Dans le projet de loi, on avait mis : *un an avant* la publication du rôle; mais cette restriction a été écartée afin de sauvegarder les intérêts des habitants nouvellement installés.

Quant aux personnes ayant droit à l'affouage, plus de doute que les curés et desservants n'y soient admis. Deux arrêts du conseil des 26 juin 1756 et 31 janvier 1758, avaient décidé que les curés n'avaient pas droit à l'affouage (*contra*, Lettre pat., 17 mars 1777). Déjà le Code forestier, pour faire cesser l'exception et lever toute difficulté, avait inséré les mots *chef de maison*. La loi de 1883 a conservé cette rédaction.

Par chef de famille ou de maison, on doit entendre tout individu qui est maître de sa personne, de son logis et de ses biens, sans qu'il lui soit nécessaire d'être marié, d'avoir des enfants ou des domestiques, ou de payer des contributions dans la commune (1).

Les gendarmes et douaniers ont-ils droit à l'affouage? Bien que ces fonctionnaires et d'autres encore puissent être souvent déplacés, il n'y a pas, selon nous, de raison plausible pour les mettre en dehors de la règle générale (2).

Les usages étant tous abrogés, il n'y aura plus jamais lieu, comme cela se pratiquait dans certaines régions, de n'accorder qu'une demi-part d'affouage aux célibataires et aux veuves sans enfants.

Il y a des personnes qui ne peuvent être considérées comme chefs de famille et de maison, parce qu'elles sont placées sous la dépendance d'autrui, soit par la loi, soit par leur propre volonté. Tels sont les mineurs non émancipés, les interdits, les femmes mariées, les domestiques à gages et serviteurs habitant avec leurs maîtres, et générale-

(1) Besançon, 8 nov. 1882, dans Béquet, *Rép. de droit admin.*, v° *Commune*, n° 2341, note 3.

(2) *Sic* : Nancy, 16 déc. 1893 ; D. 94, 2, 119. — *Contra* : Montmédy, 14 juin 1893, ibid.

ment toutes les personnes qui par leur position subordonnée se trouvent soumises au pouvoir d'un chef de famille. Tout autre est la situation de la femme mariée qui est séparée de corps ou divorcée. Il a même été décidé qu'elle a droit à l'affouage lorsqu'elle est administratrice provisoire de la personne et des biens de son mari placé dans un asile d'aliénés (trib. de Chaumont, 17 avr. 1867. — D. 1867, 3, 56). C'est qu'en effet la femme prend alors la position de chef de famille.

Avoir une profession distincte, est aussi un élément caractéristique de la qualité de chef de famille, lorsque l'on est en même temps maître de ses affaires. Ainsi, un habitant imposé et patenté, exerçant une industrie, ayant des domestiques, doit être considéré comme chef de ménage, bien qu'il mange habituellement chez son beau-père, aubergiste, qui occupe une partie de la maison (Dijon, 22 févr. 1837) (1). Un beau-père et un gendre peuvent habiter la même maison et avoir droit l'un et l'autre à l'affouage, s'ils sont chacun propriétaires de leur mobilier et qu'ils exercent une industrie séparée (Dijon, 17 mai 1837). Inversement, une mère et son fils habitant la même maison, mais n'exerçant pas d'industries séparées, ne peuvent prendre chacun une part d'affouage. (Dijon, 6 déc. 1837).

(1) Cf. Bourges, 29 oct. 1889; Sirey, 1890, 2e part., p. 46. — Voir pour certaines solutions de fait les détails donnés dans Léon Béquet, *Répertoire de droit administratif*. Paris, 1890, t. VI, v° *Commune*, n° 2334 et suiv.

CHAPITRE III

LES JOUISSANCES COMMUNES AUTRES QUE L'AFFOUAGE

Le conseil municipal, nous l'avons dit, choisit librement les biens communaux qu'il soumet à la jouissance en nature.

Cette première opération faite, il détermine quelle sorte de jouissance sera appliquée et comment.

La jouissance elle-même, comme la base suivant laquelle elle est répartie peut, selon le choix du conseil municipal, affecter des formes bien différentes.

Trois formes principales de jouissance peuvent être adoptées :

1° Les habitants jouissent en commun, percevant par eux-mêmes et pour leur propre compte les fruits ou produits (*pâturages*).

2° Les habitants reçoivent un lot de bien communal spécialement désigné, avec faculté d'en jouir privativement pendant une période de temps déterminée (*allotissements de jardins, terres, prés, etc.*).

3° La commune exploite elle-même les biens pour

répartir ensuite les produits entre les habitants (*tourbières*).

Quel que soit le mode adopté pour la jouissance en nature, le conseil municipal décide encore suivant quelle base sera faite la répartition.

Cette répartition peut être effectuée particulièrement de trois manières :

1° Par feu, c'est-à-dire par chef de famille;

2° Par tête, d'une manière égale entre chaque habitant;

3° Suivant l'étendue des propriétés.

Ces modes de répartition ne sont point indifférents, ils ont été choisis ou exclus à certaines époques de notre histoire selon les idées et la politique.

« Le partage par tête, écrit M. Cauchy, ne tient aucun compte des différences qui se remarquent partout dans les individualités humaines : il s'appuie, pour ainsi dire, sur le nivellement absolu. Le partage par maison ou par feu se rattache, au contraire, à l'organisation de la famille : il montre la société assise sur cette antique base et par lui l'autorité municipale donne la main à l'autorité paternelle (1). »

Sous l'ancien régime, nous trouvons appliqué le partage suivant l'étendue des propriétés (2) et surtout le partage par feu. Ce dernier mode a été consacré notamment par tous les édits qui ont

(1) Eugène Cauchy, *De la propriété communale*, p. 52.

(2) Arrêts du parlement de Rouen du 2 avril 1737 et du 9 mars 1747. (Joseph Brest, *Thèse de doctorat*. Paris, 1885, p. 142.)

autorisé le partage des communaux à la fin du dix-huitième siècle :

Édit de juin 1769 pour les Trois-Évêchés : « Nous permettons à toutes les communautés qui le désireront de partager *entre tous les ménages existants*, sans distinction des veuves et par portions égales... » (art. 1).

Édit de janvier 1774 pour la Bourgogne : « Nous permettons à toutes les communautés de notre province de Bourgogne, de partager entre *tous les feux ou ménages existants*, sans distinction des veuves, filles ou garçons, tenant ménage séparé... » (art. 1).

Lettres patentes du 27 mars 1777 sur le partage des portions ménagères dans les trois chatellenies de Lille, Douai et Orchies : « Toutes les terres, prés, marais, landes ou friches appartenant aux communautés d'habitants... seront partagés *entre tous les ménages existants par feux*, sans distinction d'état, c'est-à-dire de mariage, de viduité et de célibat, et par portions égales... » (art. 1), etc.

Sous la Révolution, la loi du 10 juin 1793 (section IV, art. 6) inaugura le partage par tête, c'est-à-dire par lots égaux entre chaque habitant. Ce système semblait, du moins en apparence, donner satisfaction aux idées égalitaires.

Plus tard, l'avis du conseil d'État du 26 avril 1808 vint avec raison condamner ce mode de répartition pour l'affouage, et remit en vigueur le partage par feu (1).

(1) Voir le texte de cet avis du conseil d'État dans Dalloz, *Code administratif annoté*, p. 651.

Le partage par feu, dit l'avis, « proportionne les distributions aux vrais besoins des familles, sans favoriser exclusivement ou les plus gros propriétaires ou les prolétaires... »

Depuis cette époque, la distribution par feu est restée obligatoire pour l'affouage, sauf en cas de *titre contraire*. (C. for., art. 105.)

Pour toutes les jouissances communales autres que l'affouage, la base de la répartition dépend du choix du conseil municipal. Cependant, l'usage presque général emprunte ici le règlement de l'affouage et applique à ces jouissances la répartition par feu.

Citons un exemple entre mille. Dans la commune de Chanteheux (Meurthe-et-Moselle), le conseil municipal, nous dit M. Genay, a divisé les pâquis communaux en 73 lots de 46 ares environ. La répartition de ces lots est faite par *feu* ou *ménage* entre les habitants de la commune. Chaque chef de ménage a la jouissance du lot sa vie durant. Tous les ans à la Saint-Martin (11 novembre), le sort attribue aux nouveaux habitants les lots devenus vacants par le décès des titulaires. Il faut dix années de séjour dans la commune pour avoir droit à un lot de pâquis (1).

Souvent, en matière de pâturages communaux, les conseils municipaux excluent du droit de pâturage les propriétaires forains. Quelquefois ils ad-

(1) Paul Genay, *Monographie de la commune de Chanteheux*. (Monographies de communes publiées par la Société des Agriculteurs de France. Paris, 1898, p. 279.)

mettent les propriétaires forains au pâturage, mais en les soumettant à une taxe qui par tête de bétail, est supérieure à celle que doivent acquitter les propriétaires domiciliés (1). C'est le droit des conseils municipaux de régler par leur délibération le mode de jouissance des biens communaux. (Loi du 5 avr. 1884, art. 133.)

Il n'y a plus ici de règle générale comme pour l'affouage.

Les conseils municipaux devraient même considérer comme un devoir d'user de leur droit. Il y a en effet des communes où il n'a été pris aucun règlement sur le pâturage des communaux; ce qui donne lieu à des solutions de jurisprudence contradictoires. Tel tribunal admet les propriétaires forains au pâturage; tel autre les exclut (2). C'est là une source de litiges parfois onéreux pour la commune elle-même, qu'il est bien facile de faire disparaître par un simple règlement.

Les conditions peuvent donc varier à l'infini suivant les décisions des conseils municipaux qui n'ont d'autre obligation à cet égard que de respecter les principes de droit public. Ainsi le conseil municipal ne saurait établir des distinctions de classes entre les habitants.

Remarquons du reste, que la délibération prise par le conseil municipal n'est souveraine qu'autant

(1) Conseil d'État, 2 février 1889. *Commune de Saint-Pargoires.* (Sirey, 1891, 3, 17.)

(2) Voir les décisions en sens divers rappelées dans Sirey. 1897, 2, 39, notes 1 et 2.

qu'elle s'applique à la jouissance précaire des habitants, et qu'elle détermine une répartition de produits en nature n'affectant pas la propriété du domaine communal.

La délibération ne serait plus réglementaire, si par ses dispositions elle compromettait le fond même de la propriété et constituait une véritable aliénation. (Loi du 5 avr. 1884 art. 68 § 2.)

Le conseil municipal doit-il comprendre les étrangers sur la liste des ayants droit aux jouissances communales?

La loi du 10 juin 1793, d'une part, ne considère comme habitants que les citoyens français domiciliés dans la commune. D'autre part, les étrangers payant tous les impôts, et notamment les centimes communaux, n'est-il pas équitable, puisqu'ils supportent les charges de la commune, de les admettre à prendre part aux bénéfices (1). Cette question générale, nous l'avons vu, a reçu une solution spéciale en ce qui concerne l'affouage par la loi du 25 juin 1874. (C. for., art. 105.) Rien ne s'oppose à ce que la règle soit ici la même. C'est assez dire combien semble autorisée l'opinion à laquelle nous nous rangeons volontiers, d'après laquelle les étrangers doivent être admis à la jouissance des biens communaux après seulement qu'ils ont été autorisés à établir leur domicile en France (2).

(1) Cassation, 31 déc. 1862; D. 63. 1. 5.
(2) Cf. Lyon, 24 mai 1878, Dalloz, 1878. 2, 259, note 5.

*
* *

Nous ne saurions clore ce chapitre, sans rappeler que le pouvoir du conseil municipal a été jusqu'à nos jours limité d'une façon particulière, lorsqu'il s'agissait de modifier les usages anciens d'après lesquels était établie la jouissance commune.

Cet aperçu n'aura pas seulement un intérêt historique car nous aurons à rechercher si en pareil cas la liberté du conseil municipal, aujourd'hui encore, reste entière.

Avant la loi du 18 juin 1837, il y avait lieu de faire une distinction au point de vue de l'autorité compétente pour autoriser un changement au mode de jouissance préexistant.

Le mode de jouissance était-il antérieur à la loi du 10 juin 1793, il ne pouvait être changé que par un décret rendu en conseil d'État, sur la demande des conseils municipaux, après avis du sous-préfet et du préfet. (Décret du 9 brumaire an XIII, art. 2.)

Le mode de jouissance avait-il été établi postérieurement à la loi de 1793, et en vertu du droit conféré à l'assemblée des habitants par son article 12, le conseil municipal pouvait en obtenir un nouveau, par un vote qui devait être sanctionné par le préfet en conseil de préfecture, sauf, en cas de refus, recours au conseil d'État (même décret, art. 4 et 5). Toutefois, lorsqu'il était intervenu, depuis la loi de 1793, un changement dans le mode de jouissance en vertu d'un acte exécuté paisiblement et de bonne foi, cet acte était reconnu suffisant pour établir le changement dans le mode de jouissance. Les demandes tendant à obtenir un nouveau mode, devaient être présentées au conseil de préfecture et étaient soumises de droit comme les affaires de biens communaux au conseil d'État. (Avis interprétatif du conseil d'État approuvé le 29 mai 1808.)

Plus tard, une ordonnance royale en date du 26 octobre 1818, afin de suppléer à l'insuffisance des revenus des communes, avait permis aux administrations municipales de changer les modes de jouissance en commun, sous l'approbation préfectorale, à la condition que les biens mis hors de la jouissance commune ne seraient pas affermés pour une durée de plus de neuf ans. En cas d'opposition de la part des habitants, il était statué par le roi (art. 1 et 6).

La loi du 18 juillet 1837 permit aux conseils municipaux de *régler* par leurs délibérations « le mode de jouissance et la répartition des pâturages et fruits communaux autres que les bois, ainsi que les conditions à imposer aux parties prenantes » (art. 17, 3°). Des usages et modes de jouissance antérieurs ou postérieurs à la loi du 10 juin 1793, il n'était pas question. On aurait dû, semble-t-il, en conclure que toute liberté était accordée au conseil municipal.

Cependant, malgré les termes généraux de la loi de 1837, la pratique administrative exigea l'intervention du chef de l'État dans le cas où la jouissance à changer avait été établie par un acte de l'autorité souveraine, un ancien édit ou une ordonnance royale (1).

Devant cet état de choses anormal, le décret du 25 mars 1852 décida que les préfets statueraient désormais sur le mode de jouissance en nature des biens communaux, quelle que fût la nature de l'acte primitif qui eût approuvé le mode existant. (Tableau A, § 40.)

Mais ces dispositions nouvelles effaçaient complètement la liberté donnée par la loi de 1837 aux conseils municipaux. Aussi la jurisprudence du conseil d'État ne voulut appliquer le décret de 1852 que lorsqu'il s'agissait de modifier d'anciens usages (2).

Le décret du 25 mars 1852 (remplacé par celui du 13 avril 1861) doit-il aujourd'hui encore recevoir l'application limitée que lui a reconnue le conseil d'État?

On pourrait en douter, puisque les exceptions sont de droit étroit, et que la réglementation des jouissances communes n'est pas comprise dans l'énumération de l'article 68 de la loi municipale actuelle.

Mais d'autre part, l'article 168 de la loi de 1884 n'a pas compris le n° 47 du tableau A annexé au décret

(1) Conseil d'État, 26 avril 1844; Dalloz, *Rép.*, v° *Commune*, n° 364.

(2) Conseil d'État, 17 mars 1857, D. 57, 3, 83. — 21 novembre 1873; D. 74, 3, 74. — 11 juin 1880, D. 81, 3, 1. — Voy. Dalloz, *Code administratif annoté* v° *Commune*, n° 7106.

du 13 avril 1861 parmi les dispositions dont il prononçait l'abrogation. Les auteurs les plus autorisés concluent donc au maintien de la législation et de la jurisprudence antérieure. Cette opinion, à laquelle nous nous rattachons, se confirme par cette observation « qu'aucun mot des discussions engagées soit devant le Sénat, soit devant la Chambre de 1884, ne peut faire présumer que le législateur ait voulu faire œuvre nouvelle (1). »

« Il y a toujours quelque chose de grave, nous dit M. Cauchy, à déplacer de nombreux intérêts, à transformer des droits, à changer un mode de jouissance qui existe depuis longtemps, car ces déplacements, ces transformations ne peuvent se faire sans occasionner des froissements individuels et par conséquent sans soulever des plaintes (2). »

Le droit accordé par un usage immémorial « de mener à la corde une vache sur le pâtis communal (3) » est peu de chose en soi. C'est beaucoup pour un petit ménage. C'est peut-être tout l'héritage d'une famille misérable.

Aussi, nous pensons qu'il n'est pas excessif, dans l'hypothèse que nous venons d'étudier, de soumettre la délibération du conseil municipal à l'autorité préfectorale. Si la loi l'exige, nous devons nous en féliciter.

(1) Béquet, *Répertoire de droit administratif*, v° *Commune*, n° 2315, p. 158. — *Sic* : Fuzier-Hermann, *Répertoire de droit français*, v° *Commune*, n° 538. — Cf. Dalloz, *Code administratif annoté*, v° *Commune*, n° 7118.

(2) Cauchy, *De la propriété communale*, p. 61.

(3) Expressions de M. Cauchy, p. 72.

CHAPITRE IV

COMPÉTENCE EN MATIÈRE DE JOUISSANCES COMMUNES

Devant quelle autorité devront être portées les réclamations concernant les jouissances communes?

La contestation peut s'élever sur le mode de partage adopté par le conseil municipal.

La contestation peut encore être limitée aux intérêts personnels du réclamant, et porter sur la qualité qu'invoque un habitant aux fins d'être inscrit sur la liste des ayants droit.

Dans les deux cas le conseil d'État, se basant sur la loi du 10 juin 1793 (sect. V, art. 2) admet la compétence du conseil de préfecture (1).

Ce recours contentieux est possible si la délibération du conseil municipal a été prise au mépris de droits acquis en vertu d'anciens édits ou de titres contraires. Il est possible également dans le cas d'une fausse application du mode de partage

(1) Rodolphe Dareste, *La justice administrative en France*, 2e édit. 1898, p. 582. — Cf. Serrigny, *Compétence administrative* t. II, p. 576.

adopté. Dans toutes ces hypothèses il y aura un droit lésé qui justifiera le recours contentieux.

Mais ce recours n'est pas ouvert s'il y a seulement un intérêt froissé, et si le conseil municipal a statué dans la limite de ses pouvoirs. Ainsi un habitant qui n'aurait qu'à critiquer l'opportunité d'un nouveau mode de répartition des fruits communaux, ne peut que s'adresser par la voie gracieuse au conseil municipal lui-même. Et le conseil a toute liberté pour revenir sur sa première délibération comme aussi pour ne tenir aucun compte de la réclamation.

Les tribunaux civils restent d'ailleurs compétents pour statuer sur les questions de propriété, ce qui est le droit commun.

Mais la juridiction administrative est-elle également compétente pour prononcer sur la question d'aptitude personnelle que soulèvent les réclamations? Doit-elle en renvoyer la connaissance à l'autorité judiciaire? C'est là un sujet de vives controverses : les auteurs et la jurisprudence lui ont donné des solutions fort diverses.

Certains esprits ont entendu soumettre d'une façon générale ces difficultés à la compétence des tribunaux civils, comme étant des questions d'état (1).

Au contraire, d'après d'éminents auteurs, le conseil de préfecture ne peut être dessaisi de la

(1) Dalloz, *Rép.*, v° *Forêts*, n° 1898. — Migneret, *De l'affouage*, p. 317.

question d'aptitude personnelle, que si elle constitue incontestablement une question de droit civil :

« Nul doute qu'elle n'ait ce caractère, écrit M. Laferrière, quand elle se confond avec une question de nationalité ou de capacité civile; mais *le feu, le ménage séparé, le chef de famille ou de maison ayant domicile réel et fixe, ou ayant pot et rôt* dans la commune, ne sont point définis par le Code civil. Ces cas d'aptitude ne relèvent que de l'article 105 du Code forestier ou des anciens édits (1). »

Le renvoi préalable devant l'autorité judiciaire, pour décider de l'aptitude personnelle d'un réclamant, n'est point dans le texte de la loi du 10 juin 1793. Il n'est pas davantage dans son esprit. En bonne justice peut-on exiger, pour des intérêts minimes et pour des causes qui peuvent s'élever si fréquemment, les lenteurs et les frais d'une double compétence?

Ces divergences d'opinion et d'interprétation se sont fait sentir dans la jurisprudence.

Jusqu'en 1850, la Cour de cassation soutenait la compétence exclusive des tribunaux civils... : « Attendu qu'en droit commun, et hors le cas où une loi exceptionnelle en a disposé autrement, les questions de propriété et de capacité sont du ressort

(1) Laferrière, *Traité de la juridiction administrative*, 2e édition. Paris, 1896, t. I, p. 526. — *Sic* Serrigny, *Compétence administrative*, t. II, n° 806, et *Questions de droit*, v° *Affouage*, 35. — Chaudé, Thèse de doct., p. 239.

exclusif de l'autorité judiciaire (1). » Le conseil d'État, au contraire, se prononçait pour la compétence du conseil de préfecture, fondée d'après lui, sur l'article 2, section V, de la loi du 1er juin 1793 (2).

En 1850, le tribunal des conflits, appelé à son tour à se prononcer, consacra la jurisprudence de la Cour de cassation. Il décida que les questions d'aptitude devaient être jugées par les tribunaux ordinaires (qualité de chef de famille, domicile réel et fixe, etc...) (3).

Le conseil d'État jusqu'en 1870 accepta cette doctrine (4). Mais postérieurement il est revenu à sa première interprétation. Il admet aujourd'hui la compétence exclusive du conseil de préfecture, pour connaître de l'aptitude spéciale exigée par les anciens édits, les usages (5), l'article 105 du Code forestier et les règlements administratifs (6).

Cette large interprétation n'était pas admise sans réserve par la jurisprudence des tribunaux civils (7).

(1) Cf. Arrêts des 13 févr. 1844; 4 mars 1845; 19 avr. et 20 juin 1847.

(2) 7 août 1842, comm. de Bonchamp. — 1er juin 1843, Blandin. — 7 déc. 1844, Léger. — 28 nov. 1845, Auribault. — 18 nov. 1846, comm. de Revin. — 21 déc. 1849, comm. de Plaines.

(3) Tribunal des conflits, 10 avr. et 12 juin 1850 : D. 50, 3, 49 et 68.

(4) Conseil d'État, 30 nov. 1850; 5 mai 1861; 7 mai 1863.

(5) Trib. conflits, 3 févr. 1894 : Dalloz, 1895, 3, 18 et Sirey, 1896, 3, 7.

(6) Dalloz, 1882, 3, 41, note 1. — Conseil d'État : 8 juin 1883 (Laurent), 22 mai 1885 (Cerf), 8 avril 1892 (Trucchi); Dalloz, 1893, 3, p. 73.

(7) Cf. Lyon, 24 mai 1878; Dalloz, 78, 2, 259.

Une décision du tribunal des conflits en date du 4 juillet 1896 confirme définitivement la nouvelle jurisprudence du conseil d'État et met fin à ces hésitations regrettables de la jurisprudence (1).

Tout dernièrement la Cour de cassation par un arrêt du 11 janvier 1897 vient de sanctionner cette doctrine (2).

Comme le remarque M. Hauriou, la juridiction des conseils de préfecture est à la portée des pauvres gens, la procédure suivie auprès de ces tribunaux est simple et peu coûteuse. Il faut donc se féliciter de ce que la jurisprudence sur cette importante matière ait adopté la solution la plus expéditive et la moins onéreuse pour les réclamants. Le vœu de la commission de 1868 est aujourd'hui réalisé.

(1) Tribunal des conflits, 4 juill. 1896. (Sirey, 1897, 2, 81; et la note de M. Hauriou.)

(2) Cassation, 11 janv. 1897; Sirey, 1898, 1, 391.

CHAPITRE V

ACTES DE GESTION DES CONSEILS MUNICIPAUX VIS-A-VIS DES COMMUNAUX

§ 1. *Amodiation.* — D'après la loi du 5 avril 1884 (art. 68, 1°) les conseils municipaux règlent définitivement les baux des biens à ferme ou à loyer, lorsque la durée du bail n'excède pas dix-huit ans.

Si la durée du bail excède dix-huit ans, la délibération doit être approuvée par le préfet en conseil de préfecture; le bail cesse alors d'avoir le caractère d'un acte de simple administration, et la loi exige les mêmes formalités que pour un acte d'aliénation.

Faut-il un acte notarié pour fixer les conditions du bail? L'ordonnance royale du 7 octobre 1818 l'exigeait expressément (art. 4); c'était le préfet qui devait commettre le notaire. Mais, depuis la loi du 18 juillet 1837, qui indiquant d'une façon précise les règles des adjudications communales, garde le silence sur cette formalité, la doctrine et la jurisprudence s'accordent à tenir pour tacitement abrogée l'exigence de l'ordonnance de 1818. Quoi qu'il en soit, les maires préféreront souvent la forme authentique. L'intervention du notaire peut prévenir les difficultés d'interprétation et les procès, en donnant aux clauses du bail plus de clarté et de précision; d'autre part, la commune se trouve munie ainsi d'un acte authentique et peut en même temps se faire accorder une hypothèque pour sûreté de ses loyers ou fermages. Ce n'est qu'exceptionnellement, que des baux communaux peuvent être faits de gré à gré (1).

On suit en général, pour la location des biens communaux, la forme de l'adjudication publique (C. civ., art. 1712). Quelle que soit la durée du bail, il y a lieu de recourir à une adjudication publique, afin d'empêcher toute collusion. L'adjudication est annoncée par des affiches un mois d'avance. Il y est procédé par le maire assisté de deux conseillers municipaux désignés d'avance par le conseil, ou, à défaut de cette désignation, appelés dans l'ordre du tableau. Le receveur municipal est convoqué à toutes les adjudications. Toutes les difficultés qui peuvent s'élever sur les opérations préparatoires de l'adjudication, sont résolues séance tenante par le maire et les deux assistants, à la majorité des voix, sauf le recours de droit (loi du 5 avr. 1884, art. 89). Il est interdit au maire et au receveur municipal de se porter adjudicataires, soit direc-

(1) Circ. min. 1856. Dalloz, *Supplém.* v° *Commune*, n° 1235.

tement, soit par personnes interposées. (C. civ., art. 1596). Le procès-verbal d'adjudication, régulièrement dressé par le maire dans la forme administrative, est un acte authentique ayant en lui-même force probante (1).

Avant la loi de 1884, l'acte de bail passé par le maire devait, après l'adjudication prononcée, être revêtu de l'approbation préfectorale, quelle que fût la durée de la location (loi du 18 juill. 1837, art. 47). Cette approbation n'est pas exigée aujourd'hui, même pour les locations de 18 ans; aussi, la circulaire du 15 mai 1884 adressée aux préfets, observe que la garantie résultant de cette formalité disparaissant, l'administration devra examiner avec d'autant plus de soin les délibérations qui seront soumises à son approbation.

Les baux des communes étant des contrats de droit civil, les contestations qui s'élèvent sur leur portée et leur exécution ressortissent aux tribunaux judiciaires (2).

L'amodiation a été considérée par les conseils généraux (1843) et par un grand nombre d'auteurs (3)

(1) Cass., 14 juin 1895. D. 95, 1, 460.

(2) Cons. d'État, 30 oct. 1834; 27 août 1839; 6 mars 1848; 1er août 1867. D. *Suppl.* v° *Commune*, n° 1240. — En ce sens également un arrêt du Conseil d'État en date du 8 juin 1888. D'après cet arrêt, l'adjudication de la ferme d'un bien communal est un contrat de droit civil dont l'autorité judiciaire peut seule connaître, sauf le renvoi des questions préjudicielles devant l'autorité administrative compétente. (*Journ. du droit administr.* fondé par Chauveau Adolphe, 36e année, 1888, p. 464.)

(3) E. Cauchy, *De la propriété communale*, p. 127. — Joseph Ferrand, *De la propriété communale en France*, p. 63, etc., etc...

comme un des moyens les meilleurs pour améliorer la propriété communale.

Sans doute les habitants seront privés, pour partie au moins, de leur jouissance en nature; mais cette jouissance même pouvait donner lieu à des inégalités ou à des abus que l'amodiation supprimera. Le bail n'est-il pas renouvelé : les habitants retrouvent leur terre fertilisée, tout au moins défrichée; l'est-il, au contraire, les habitants profitent indirectement de l'accroissement des ressources communales. D'autre part, la substance de la propriété communale est respectée; les biens ne cessent d'appartenir à la commune, ils ne sont pas confisqués au profit d'une génération unique, comme avec l'aliénation.

Le conseil municipal appréciera, d'après les circonstances, la durée du bail à consentir. Cette durée doit être suffisante pour inciter le fermier à accroître, dans son intérêt même, la valeur du bien; elle ne doit pas non plus, par son exagération, immobiliser la terre et engager l'avenir. Ainsi s'explique et se justifie le droit de surveillance de l'administration lorsque le bail excède 18 ans.

§ 2. *Aliénation.* — *Échange.* — L'aliénation des communaux est une mesure radicale et dangereuse.

Certains auteurs conseillent d'avoir recours à ce moyen pour toutes les terres dont l'exploitation est impossible et qui ne sont d'aucun usage pour la commune, enclaves, excédents de largeur des chemins, toutes propriétés pour lesquelles la commune paie en pure perte l'impôt (1).

L'aliénation peut aussi se justifier lorsqu'elle a pour but de rendre possibles des entreprises ou des constructions d'une utilité générale incontestable tant pour le présent que pour l'avenir, comme une église, une école, un hôpital. C'est alors, « une manière de perpétuer sous une autre forme le patrimoine dont toutes les générations successives devaient profiter (2) ». La vente des biens communaux pourra encore avoir lieu pour payer une dette extraordinaire et urgente. Dans tous les cas, l'aliénation dépouillant définitivement la commune, l'autorité supérieure conserve sur l'exercice de ce droit un contrôle absolu, et le préfet peut accorder ou refuser l'autorisation demandée par le conseil municipal (3).

En dehors de ces hypothèses où éclate l'intérêt général, les conseils agiront sagement, en n'ayant pas recours à l'aliénation des communaux, et l'administration préfectorale devra au besoin le leur rappeler. Sans doute, la jouissance des habitants n'est pas un obstacle juridique à la vente; elle ne constitue, nous le répétons, ni un droit de pro-

(1) Joseph Ferrand, *De la propriété communale en France*, p. 69.

(2) Conseil général de Saône-et-Loire (Cauchy, p. 115).

(3) Dans une circonstance particulière l'aliénation peut être ordonnée par décret, et ce malgré le conseil municipal récalcitrant : « la vente peut être autorisée, sur la demande de tout créancier porteur de titre exécutoire, par un décret du Président de la République. » (Loi du 5 avril 1884, art. 110.)

priété, ni un droit réel de servitude ou d'usage; c'est, nous l'avons dit, un droit *sui generis* essentiellement précaire. Mais il serait désastreux que les communes eussent la faculté, pour alléger les charges du présent, de compromettre en aveugles le patrimoine des générations à venir; aussi l'administration supérieure ne doit-elle autoriser les aliénations de communaux « qu'avec une grande réserve (1) ».

L'échange, à part des circonstances exceptionnelles, n'est guère un moyen pratique pour tenter d'améliorer le patrimoine immobilier de la commune. La commune échangiste ne pourra recevoir plus qu'elle ne donnera, et pour des terrains médiocres ou de nulle valeur, elle ne saura guère recueillir que des propriétés également médiocres et de nulle valeur. L'échange des biens communaux est soumis aux mêmes conditions d'autorisation que la vente. C'est, en effet, un acte d'égale importance. C'est même un acte plus délicat, en ce sens que s'il est facile d'apprécier une somme d'argent, il est plus difficile d'envisager nettement les résultats d'un échange et de préciser la valeur comparée des biens donnés et reçus.

Les aliénations et les échanges de terrains com-

(1) Circ. min., 10 juillet 1846 (D. 46. 3, 184). — Sous l'ancien régime, les communautés d'habitants ne pouvaient aliéner leurs biens sans autorisation du souverain et seulement pour de justes causes énumérées par les ordonnances. En dehors de ces cas, toute aliénation était défendue (Ord. 22 juin 1659, avril 1667, août 1669).

munaux sont autorisés par arrêté du préfet en conseil de préfecture (L. du 5 avr. 1884, art. 69). Telle est la règle depuis le décret du 25 mars 1852 (tableau A, § 1). Cependant un décret sera nécessaire pour autoriser la vente ou l'échange des bois. Cette formalité est exigée expressément pour le défrichement. (C. for., art. 91.) On y soumet également l'aliénation ou l'échange des bois, parce que ces actes entraînent pour la commune des conséquences plus graves.

Les formalités à suivre pour la vente d'un bien communal sont énumérées dans l'arrêté du 7 germinal an IX et dans l'avis du conseil d'État du 3 septembre 1811.

Il faudra, pour obtenir l'autorisation d'aliéner, produire les pièces suivantes :

1° La délibération du conseil municipal portant vote de l'aliénation;

2° Le procès-verbal d'enquête *de commodo et incommodo ;*

3° Un procès-verbal d'estimation des immeubles à aliéner;

4° Le plan figuré et détaillé des lieux;

5° Le cahier des charges de l'adjudication;

6° Enfin la délibération du conseil municipal sur les résultats de l'expertise et de l'enquête.

Le cahier des charges revêtu de l'approbation du préfet est renvoyé avec les autres pièces au maire qui procède à l'adjudication après apposition d'affiches. (Loi du 5 avr. 1884, art. 90, 7°.)

La vente aura lieu le plus souvent aux enchères

dans les formes prescrites par l'article 89 de la loi du 5 avril 1884, c'est-à-dire sous la présidence du maire, assisté de deux conseillers municipaux et du receveur. Elle peut aussi être effectuée par le ministère d'un notaire.

Aucun texte, toutefois, n'oblige à procéder de cette manière. En fait, l'intérêt des communes sera quelquefois de vendre à l'amiable afin de faire payer plus sûrement la convenance à l'acquéreur. Pour être autorisé à vendre à l'amiable, la commune devra fournir les mêmes pièces que ci-dessus, remplaçant le cahier des charges par la soumission de l'acquéreur.

Le produit des biens aliénés figure au budget extraordinaire de la commune. (Art. 134, § 3, l. du 5 avr. 1884.)

Les échanges d'immeubles autres que les bois s'opèrent comme les acquisitions, sauf que l'expertise porte sur les deux immeubles et que l'échangiste doit produire ses titres de propriété et justifier que son bien est libre d'hypothèques. Le prix de l'échange étant représenté par un immeuble et non plus par une somme d'argent, la commune ne saurait avoir la ressource de purger les hypothèques dont pourrait être grevée la propriété à échanger.

Les aliénations ou échanges consentis par les communes, sont des contrats de droit civil dont la validité et l'interprétation ne peuvent être attaquées que devant l'autorité judiciaire, sauf à celle-ci à renvoyer devant qui de droit l'examen préjudiciel des actes administratifs préalablement intervenus (1).

§ 3. *Partages.* — Le partage des biens communaux peut avoir pour objet des biens indivis entre plusieurs communes ou sections de commune.

On peut aussi concevoir le partage, entre les habitants, des biens dont la commune est propriétaire exclusive.

A. — Partage des biens indivis entre communes. Deux ou plusieurs communes possèdent par indivis une propriété quelconque (pâturage, lande, marais). Il peut arriver que cette situation soit désavantageuse, le partage aura pour effet de fortifier les droits de chaque propriétaire en les délimitant. En fait, l'indivision tiendra le plus souvent à la nature des lieux et rarement les communes auront intérêt à changer les conditions de leur jouissance. C'est ainsi, par exemple, que les pâturages intercommunaux du pays de Cize (Basses-Pyrénées) appartiennent à 20 communes qui ne songent nullement à rompre cette *communauté* établie depuis un temps immémorial (2).

Si les conseils municipaux des communes intéressées sont d'accord pour demander le partage, l'opération est simple. On discute cependant le point de savoir si les délibérations doivent ou non

(1) *Sic* : jurisprudence constante. — Voy. notamment : Cons. d'Etat, 2 déc. 1892; Sirey, 1894, 3, 95. — 3 févr. 1893; Sirey, 1894, 3, 127.

(2) Louis Etcheverry, *Monographie de la commune de Saint-Jean le Vieux* (Société des agriculteurs de France, *Monographie des communes*, 1898, p. 311 et 317.)

obtenir l'autorisation préfectorale. Cette formalité était exigée sous l'empire de la loi du 18 juillet 1837 et du tableau A n° 48 annexé au décret du 13 avril 1861. Or, malgré l'abrogation de ce tableau par l'article 168, 14° de la loi du 5 avril 1884 et le silence de l'article 68 de la même loi, on rencontre des auteurs qui veulent, à tort suivant nous, assimiler les partages aux aliénations et échanges (1).

Le partage s'effectue proportionnellement au nombre des feux (loi du 10 juin 1793, sect. V, et avis du conseil d'État, 20 juill. 1807), à moins qu'une des communes n'ait ou des titres ou une possession équivalant à un titre pour fixer ses droits (2).

Les lots sont formés à dire d'experts. En cas de désaccord, le préfet nomme un tiers expert. Les actes de partage sont passés en la forme administrative ou devant notaire.

Chacune des communes propriétaires a, conformément à la loi de 1793 (sect. IV, art. 2), la faculté de demander le partage.

Les contestations relatives à l'application des bases du partage et à la validité de l'acte de partage sont de la compétence administrative (3).

(1) *Sic* : Dalloz, *Code admin. annoté*, v° *Commune*, n° 7370 ; Morgand, *Loi municipale*, t. I, p. 174. — *Contra* : Béquet, *Répertoire du droit admin.*, v° *Commune*, n° 2732; Taudière, *Revue générale de droit*, 1894, p. 243; Simonnet, *Traité élémentaire de droit administratif*, n° 1007.

(2) Dalloz, *Code admin. annoté*, v° *Commune*, n° 7372 et suiv. — Cass., 26 mai 1869, D. 69, 1, 319.

(3) Dalloz, 1896, 1, 37.

Si les conseils municipaux ne sont pas d'accord pour opérer le partage, il y aura lieu, selon nous, d'appliquer le principe de l'article 815 du Code civil. Ce principe général trouve d'ailleurs son application incontestable dans deux cas particuliers :

1° S'il s'agit de bois indivis (C. for., art. 92 § 2) ;

2° Si un particulier est copropriétaire avec les communes.

Aussi, nous approuvons la jurisprudence d'après laquelle la commune qui désire le partage doit s'adresser au tribunal civil pour vaincre la résistance de la commune adverse (1).

B. — Partage des communaux entre habitants.

1° *Partages de propriété.*

Le partage à titre gratuit de la propriété des communaux entre les habitants, ne trouve pas d'application justifiable au point de vue du droit, et c'est justement qu'une pareille opération est interdite.

Nous le savons, la définition de l'article 542 du Code civil est inexacte : le propriétaire véritable des communaux, c'est la commune, être moral, et non

(1) Voir en sens divers sur la question : Aucoc, p. 303; Foucart, 4e édit, t. III, p. 511 ; Braff, *Principes d'administration communale*, 2e édit., t. I, p. 132; Ducrocq, *Revue pratique*, t. XIX, 1865, p. 291 ; Proudhon, *Droits d'usage*, t. III, p. 211 ; Dufour, *Droit administ.* 2e édit., t. III, p. 455; M. Block, *Dictionnaire de l'administration*, v° *Organisation communale*, n° 306 et suiv. ; Lescuyer, *Manuel pratique d'administrat. comm.*, 1884, p. 173 ; Batbie, *Traité de droit public et administratif*, t. V, nos 123, 125, 2e édit. ; Taudière, *Revue générale de droit*, 1894.

l'ensemble des habitants. Il ne serait pas plus rationnel de partager les biens de la commune entre les habitants, qu'il ne le serait de partager le domaine de l'État entre tous les habitants de France (1). Il n'y a pas de copropriétaires, pas d'indivision à faire cesser, et le procédé du partage devient par espèce impossible (2), à moins que la loi en l'ordonnant n'ait commencé, comme le disait le député Baraillon au sujet des lois du 14 août 1792 et 10 juin 1793, par dépouiller le vrai titulaire du droit au profit de ceux qui n'en avaient aucun.

Le partage en propriété des communaux est comme la liquidation de la fortune communale : on n'hérite pas d'une personne vivante. Les biens communaux ont été recueillis par les générations antérieures; ils sont destinés à améliorer le sort des générations présentes et futures dans lesquelles la commune se continue nécessairement; ils doivent être conservés. « Le partage des communaux constituerait une double spoliation commise d'abord au préjudice des habitants à venir, puis au préjudice des corps de communauté dont les droits seraient supprimés au profit des copartageants (3). »

A ces objections juridiques si graves viennent s'ajouter encore des objections d'ordre économique.

C'est un avantage pour la commune d'être pro-

(1) Avis du conseil général du Gard en 1837.
(2) Ducrocq, *Cours de droit administ.*, 6e édit., t. II, n° 1438.
(3) E. Cauchy, *De la propriété communale*, p. 121.

priétaire d'immeubles dont le loyer ou les revenus peuvent grossir les recettes du budget communal. D'ailleurs, en fait, personne n'ignore les fraudes nombreuses auxquelles le partage a donné lieu sous l'empire de la loi du 10 juin 1793. Supposons cependant l'opération faite avec la plus stricte équité : les conséquences seront toujours regrettables. Le pauvre, contrairement au résultat apparent, sera lésé; il sera lésé parce qu'en remplacement du droit de pâturage, par exemple, sur un important territoire, il ne recevra qu'une parcelle de terre minime, n'ayant de valeur marchande que pour les propriétaires voisins. Bref, dans de semblables partages, l'injustice des résultats égale trop souvent l'injustice des opérations.

Les partages de communaux entre habitants ont pourtant une histoire.

Au XVIIIe siècle, nous avons vu pratiquer, quoique à titre exceptionnel, le partage des communaux en propriété.

La Révolution, autorisa le partage dans des conditions nouvelles et avec une facilité regrettable.

Nous avons déjà expliqué comment les lois des 21 prairial an IV et 2 prairial an V vinrent suspendre l'exécution de la loi de 1793. Nous avons dit aussi comment la loi du 9 ventôse an XII permit aux communes de poursuivre les particuliers usurpateurs.

Depuis cette dernière loi, on s'accorde à considérer le partage des communaux en propriété et à titre gratuit comme implicitement interdit. (Avis du cons. d'État du 21 févr. 1838 et lettre du ministre de l'intérieur du 4 avr. 1839. — Conseil d'État, 26 avr. 1844. — Circulaire du ministre de l'agriculture, 10 juill. 1846.)

Si le partage des communaux entre habitants à titre gratuit reste interdit, il n'en est pas de même, d'après la jurisprudence, pour le partage à titre onéreux fait sous forme de vente entre les habitants. On a voulu par là faciliter l'amélioration des biens communaux. Ces ventes sont soumises comme les autres aliénations à l'approbation préfectorale; mais le bien communal est divisé en autant de lots qu'il y a de chefs de famille dans la commune : aussi le prix fixé est-il souvent bien modéré (1). Le conseil d'État reconnaît la validité de ces « concessions à titre onéreux » alors même que le prix à payer est inférieur à la valeur des terrains (2).

2° *Partages de jouissance. Allotissements.*

Les critiques que nous avons formulées plus haut, ne sauraient être appliquées aux partages de jouissance entre les habitants de la commune. Dans ces partages, l'administration communale forme autant de lots qu'il y a de feux ou chefs de ménage, et abandonne sans adjudication la jouissance temporaire aux habitants, moyennant le versement à la caisse municipale d'une redevance en argent.

(1) Conseil d'État, 23 mai 1837 et 18 mai 1841. — Voy. Dalloz, *Rép.* v° *Commune*, n° 2200.

(2) Conseil d'État, 4 août 1864; D. 65, 3, 43. — Conseil d'État, 4 mars 1865.

(Avis du conseil d'État des 20 juill. 1807 et 26 avr. 1808). Il y a ici comme une location du bien communal, avec cette particularité que les lots sont tirés au sort et que les preneurs sont les seuls habitants de la commune (1).

Les conditions requises des ayants droit à la jouissance sont celles-là mêmes que formule l'article 105 du Code forestier. Le bénéfice de la jouissance est donc accordé à tout chef de famille domicilié dans la commune au moment où le conseil municipal dresse la liste des ayants droit au partage. Il n'y a pas lieu de rechercher si le domicile est plus ou moins ancien (2).

Nous reconnaissons dans ces partages de jouissance une excellente mesure pour la mise en valeur des communaux. Les conseils municipaux ne devraient point perdre de vue qu'ils ont le droit de substituer à la jouissance promiscue des communaux ce procédé de jouissance individuelle et séparée (3).

Les allotissements effectués actuellement sont temporaires. A Vaux-en-Dieulet (Ardennes) la durée de l'allotissement est de 28 ans.

Dans certains pays, les Trois Évêchés, la Bourgogne, la Flandre, l'Artois, les édits de la fin du XVIIIe siècle que nous avons mentionnés, avaient rendu les allotissements soit *viagers* soit *héréditaires*.

(1) *Bulletin officiel du ministère de l'intérieur*, 1857, p. 25. — Léon Morgand, *La loi municipale*, 1892, 4e édit., t. I, p. 471.

(2) Tribunal civil d'Ussel, 6 janv. 1894; Dalloz, 1894, 2, 573.

(3) Tribunal de Guéret, 19 avr. 1877; Dalloz, 1878, 3, 47.

L'administration, aujourd'hui encore, respecte à juste titre l'application de ces édits dont les dispositions ont été déclarées perpétuelles et irrévocables (1).

(1) Cf. Rodolphe Dareste, *La justice administrative en France*, 2e édit., 1898, p. 577 et la note.

TROISIÈME PARTIE

CONSIDÉRATIONS ÉCONOMIQUES. CONCLUSIONS

CHAPITRE PREMIER

CONSIDÉRATIONS ÉCONOMIQUES

§ 1er. *Importance et consistance du domaine communal.* — La fortune communale immobilière, dont nous avons esquissé l'histoire et les vicissitudes, reste d'une importance capitale.

« En 1863, écrit M. Boiteau (1), les biens communaux susceptibles de revenus et assujettis à la taxe de mainmorte étaient au nombre de 44,921 et s'étendaient sur une superficie de 4,855,445 hectares, soit le onzième du territoire de la France. »

A la fin de l'année 1877, les biens communaux offrent encore une superficie de 4,316,310 hectares, ce qui, par rapport à l'étendue totale du territoire

(1) Paul Boiteau, *Traité de la fortune publique et des finances de la France*, 1866, t. I, p. 407

de la France, représente un peu plus de 8 pour 100 (1).

La propriété communale, à cette époque, se décompose ainsi :

Bois.	2,058,707 hectares.
Terres productives.	1,620,503 hectares.
Terres improductives	637,100 hectares.
Total égal.	4,316,310 hectares.

§ 2. *Les communaux et l'opinion. Mise au point de la question.* — Il faut le reconnaître, les communaux ne jouissent pas d'une bonne réputation. Pour beaucoup d'esprits, il ne faut songer à rien moins qu'à les faire disparaître. Pour cela, tous les moyens seront bons. *Carthago delenda!* Et l'opinion publique, plus prompte à accepter un jugement qu'à le discuter, colporte ces idées.

« Tout le monde, » écrit M. Caffin (2), « est d'accord sur ces faits : que les communaux sont l'objet de la convoitise des propriétaires qui les avoisinent et de la dévastation de tous, que ceux encore existants sont en général à peu près improductifs, et qu'il faut enfin en tirer tous les avantages qu'ils peuvent produire. »

C'est ce que le conseil général de la Haute-

(1) Ces détails statistiques sont empruntés à l'excellente étude de M. de Crisenoy, *Statistique des biens communaux* (*Revue générale d'administration*, 1887). Depuis 1877, le Ministère de l'intérieur n'a publié aucun autre état des biens communaux (Communication de M. de Crisenoy, ancien conseiller d'État).

(2) Caffin, *Des droits de propriété des communes sur les biens communaux*, 1860, p. 102.

Vienne exprimait en 1857 en ces termes : « Parmi les réformes qui, pour le pays, ont un caractère spécial d'opportunité, le conseil a placé depuis longtemps en première ligne la *suppression* des communaux. L'existence de ces biens est, en effet, contraire à toutes les indications de la raison, de la science économique et de la théorie agricole. Pour en bien comprendre tous les inconvénients, il suffit de comparer les biens indivis avec les biens exploités par les particuliers; il suffit de voir la position déplorable dans laquelle se trouvent tant de communes riches de communaux étendus, et néanmoins tellement pauvres qu'elles ne peuvent faire face aux moindres de leurs besoins; il suffit enfin de jeter un regard sur ces bruyères stériles, ces landes désolées, où les ruisseaux ravinent le sol, où les sources ne produisent que de dangereux bourbiers. »

Voici, rapporte M. Aucoc (1), ce qu'écrivait, en 1831, au sujet des communaux du département de la Creuse, M. Grellet-Dumazeau, conseiller à la cour de Limoges : « Nos communaux ne consistent pas seulement en bruyères, ils présentent des pâturages précieux, et c'est là que se manifestent, de la manière la plus déplorable, les abus du régime communal. Des ruisseaux ravinent le sol. Des sources ne produisent que de dangereux bourbiers. Un pillage presque continuel dépouille ces malheureux terrains de leurs gazons et de leurs

(1) Aucoc, *Des sections de commune*, 2e édit., 1864, p. 457.

engrais naturels. La communauté entière vient y prendre sa terre à bâtir, et y pratique des excavations qui ne se comblent jamais. Les surfaces demeurées praticables aux voitures sont sillonnées de chemins dans tous les sens, avec tout le dédain, on pourrait dire toute la haine qu'inspirerait un sol ennemi. Enfin si, malgré ces causes, le communal donne quelque chétive production, elle est livrée au pâturage, de manière à la détruire, plutôt qu'à en profiter. Le gros bétail, les bêtes à laine, les chèvres, les porcs et les oies y sont jetés pêle-mêle, les uns ravageant et infectant ce qui aurait pu être pâturé par les autres. Ajoutons que ce terrain ne produit rien du tout pour le particulier sage et soigneux qui craint de mêler son troupeau à tant d'animaux nuisibles ou suspects de maladies contagieuses. »

Pour certains économistes, l'amélioration de la condition des habitants et même l'augmentation de la population est le résultat de la disparition des communaux.

« Nous avions en France autrefois, écrit M. de Lavergne, nous avons même encore sur beaucoup de points de vastes étendues de terres communes. Le même fait existait et existe encore en Angleterre, en Allemagne, en Belgique. Seulement, la jouissance en commun disparaît peu à peu partout. Pourquoi? Parce que l'expérience universelle a démontré que ce mode de jouissance n'était pas assez favorable à la production. Il faut dix fois, cent fois plus de terres communes que de terres appropriées pour nourrir une tête humaine. Examinez les villages français qui possèdent encore de grands communaux : ils sont tous, sans exception, moins peuplés et plus pauvres que ceux qui n'en ont plus. Dès que ces communaux sont soustraits d'une façon quelconque à la jouissance indivise, soit par des partages, soit par des ventes, soit par de simples amodiations, la production s'élève, la condition des habitants s'améliore et la population s'accroît (1). »

« Il nous est permis de conclure, écrit M. Ferrand, que la jouissance en nature, que la dépaissance commune est un emploi de la richesse municipale qui a pu convenir à l'état social, aux besoins publics, aux conditions agricoles d'autrefois, mais qu'elle est aujourd'hui une anomalie, qu'elle n'a plus de raison d'être;

« Qu'équitable alors, elle est maintenant un privilège pour quelques-uns et une spoliation pour le plus grand nombre, qu'elle détermine la dégénération du bétail et met obstacle au progrès agricole;

« Qu'enfin elle est incompatible, nous ne dirons pas avec une bonne administration, mais avec une administration quelconque de la propriété communale (2). »

(1) L. de Lavergne, *L'agriculture et la population* (Les ouvriers européens), 1857, p. 182. Cf. même auteur, *Économie rurale de la France depuis* 1789, 4e édit., 1877, Introduction, p. 33, et Conclusion, p. 441.

(2) Joseph Ferrand, *De la propriété communale en France et de sa mise en valeur*, 1859, p. 21.

Devons-nous donc passer condamnation sur les communaux? La question mérite bien quelque réflexion. Nous allons l'examiner.

La moitié environ des communaux est en bois. Ces bois pour la plupart sont soumis au régime forestier. Ils sont administrés dans les mêmes conditions que les biens de l'État. On ne peut donc sérieusement adresser de reproches à l'administration des communaux de cette espèce. Mettons les bois hors de cause.

Reste une bonne moitié du domaine communal qui pourrait mériter les reproches que nous signalons.

Il faut bien reconnaître cependant que, sur les 1,620,503 hectares de terres communales productives, les deux tiers environ, sont des pâturages en pays de montagne, qui ne sauraient avoir aucune autre destination. M. de Lavergne le dit lui-même : « Un million d'hectares forme des pâturages de montagne qui ne peuvent être utilisés autrement (1). »

« On ne pourra jamais faire, écrit M. Cauchy, que le pacage des bestiaux ne soit pas l'industrie des montagnes, comme le labourage est celle des plaines. Or, de même que la délimitation des terres est presque en tous lieux un besoin de leur mise en culture, l'industrie pastorale, au contraire, s'accommode beaucoup mieux d'une certaine com-

(1) De Lavergne, *Économie rurale de la France*, Conclusion, § VI, p. 441.

munauté de dépaissance. De là cette nécessité de laisser en jouissance commune les vastes pâturages qui s'étendent sur les croupes des Alpes, des Pyrénées, du Puy-de-Dôme (1). »

Le conseil général des Pyrénées-Orientales exprimait en 1843 les mêmes idées :

« Les habitants d'un grand nombre de communes, surtout dans les montagnes, trouvent leur principale ressource dans la possession et le commerce des troupeaux; la jouissance des communaux, lorsqu'ils produisent des pâturages, doit, dans ces contrées, rester à l'état d'indivision d'un pacage commun, protégé par les garanties qu'imposent nos lois rurales. La mise en culture y serait-elle possible, l'intérêt de la commune et des habitants commanderait de respecter la destination du sol au mode de jouissance consacré par l'usage et sollicité par les besoins du pays (2). »

Il est donc entendu que la malédiction prononcée contre les communaux ne doit atteindre ni les forêts, ni les pâturages en montagne. Or ces biens représentent déjà plus de 3 millions d'hectares, près des trois quarts du domaine communal.

Faut-il donner raison aux ennemis de la propriété commune pour les 620,000 hectares de terres productives et les 637,000 hectares de terres improductives qui restent?

Pas encore. En effet, si l'on consulte la statis-

(1) Eugène Cauchy, *De la propriété communale*, 1848, p. 135.
(2) Cauchy, *ibid.*, note.

tique graphique rédigée par M. de Crisenoy, d'après les documents recueillis par le Ministère de l'intérieur en 1863 (1), on se rend bien vite compte que les départements où la propriété communale a la plus grande étendue sont précisément les départements de montagne. Et dans cette carte graphique où les départements sont figurés avec une teinte d'autant plus accusée que la proportion des communaux est plus forte, on croirait presque retrouver une carte physique de la France. Les Vosges, le Jura, les Alpes, le massif central, les Pyrénées, s'y détachent avec intensité.

On peut s'en rendre compte par des chiffres. Les départements ont été classés suivant la superficie de leurs biens communaux, comparée à l'étendue totale de leur territoire. Voici les principaux résultats :

N° 1.	Hautes-Alpes	51 %	de biens communaux.
N° 2.	Hautes-Pyrénées . .	44 %	—
N° 3.	Savoie.	42 %	—
N° 4.	Doubs	30 %	—
N° 5.	Basses-Pyrénées . .	30 %	—
N° 6.	Vosges.	27 %	—
N° 7.	Jura	26 %	—
N° 8.	Haute-Saône.	26 %	—
N° 9.	Basses-Alpes	25 %	—
N° 10.	Haute-Savoie	24 %	—
N° 11.	Pyrénées-Orient. . .	22 %	—
N° 12.	Isère.	21 %	—

Etc.......

(1) De Crisenoy, *op. cit.* — On trouvera cette carte reproduite à la fin de ce volume.

Dans tous ces départements, les chaînes de montagnes étalent parfois une suite sans fin de roches dénudées, où la mousse même s'attache avec peine. Le communal qui s'étend sur ces granits, ces grès, ces porphyres, ces schistes de toute nature, ces graviers, ne peut supporter aucune végétation. Les pierres sont stériles et entre toutes les mains.

Nous ne saurions déterminer quelle est l'importance exacte de cette portion des communaux rebelle par nature à toute tentative de culture ou d'amélioration. Nous estimons cependant que c'est là une partie appréciable des communaux de montagne.

En somme, les griefs qu'on formule contre la propriété communale en général ne valent que pour un quart, un cinquième peut-être de cette propriété.

Pour ce quart ou ce cinquième, nous acceptons tous les reproches. Ces biens ne rapportent pas tout ce qu'ils devraient donner. L'incurie des administrations municipales est, dans bien des cas, évidente. Ce qui appartient à la commune est souvent abandonné à la dévastation de chacun. Avec la jouissance indivise, toute amélioration est presque impossible. « On ne donne pas son travail et son épargne pour que d'autres en viennent profiter ou en partager le profit (1). »

Tous ces reproches, encore une fois, nous les

(1) Discours du comte Daru à la Chambre des pairs (*Moniteur*, 1er avr. 1847).

acceptons; ils sont fondés. Hâtons-nous d'ajouter qu'ils ne nous causent aucune émotion.

§ 3. *Du point de vue auquel il faut se placer pour apprécier les communaux.* — Avec la jouissance commune, le rendement de la terre est médiocre : voilà qui est entendu. Il ne faut point s'effrayer de ce résultat. Cet inconvénient est largement compensé par des avantages d'un ordre plus élevé.

Nous ne voudrions pas nous insurger contre le progrès. On ne saurait assez admirer le génie employé par notre siècle pour tirer le plus grand parti possible des forces de la nature.

On nous permettra cependant de constater que ce qu'on appelle *le progrès* n'a pas toujours suscité une condition meilleure pour l'homme, les individus et la famille. Le machinisme qui a tué le petit atelier n'a-t-il pas trop souvent apporté la gêne dans bien des foyers; ne contribue-t-il pas encore à créer un asservissement parfois cruel pour l'ouvrier?

N'insistons pas. Ce que nous voulons démontrer ici, c'est que, pour apprécier l'utilité des communaux, il ne faut pas se placer au point de vue restreint de la production et de la valeur. Il faut aussi et surtout envisager les services que ces communaux peuvent rendre à l'habitant, à l'homme, pour le bien duquel tout ici-bas a été créé.

L'agriculture pour l'agriculture : c'est là une formule que nous n'acceptons pas. Nous préférons nous rappeler ce texte de nos Livres saints : *Terram dedit filiis hominum* (1).

De par Dieu, la terre pour l'homme!

Un savant économiste nous donne raison tout en se plaçant à un point de vue différent : « Il est assez étonnant, écrit M. Baudrillart, qu'on oublie ou qu'on subordonne à l'excès l'homme dans l'agriculture, et je me suis souvent demandé comment, lorsque nous avons de si excellentes études sur le cheval et sur le bœuf, on n'en eût que de si incomplètes sur le rôle que joue l'homme dans la production agricole (2). »

L'erreur n'est pas nouvelle, et on a poussé jusqu'à l'absurdité l'oubli ou le mépris de l'homme dans l'agriculture.

On nous excusera de citer un exemple bien singulier :

Dans sa séance du 26 janvier 1787, le comité d'administration de l'agriculture, réuni à Paris, entendit la lecture d'un mémoire de M. de la Pie de la Fage, président de l'élection de Montereau, sur les moyens de multiplier le gros bétail en France.

Nous citons le procès-verbal de la séance : « M. de la Fage propose de rendre des lois prohibitoires pour empêcher de tuer les veaux dans certains temps de l'année. Cette question a déjà été traitée à fond dans de précédentes assemblées du

(1) Psaume CXIII.
(2) H. Baudrillart, *Les populations agricoles de la France* (Maine, Anjou, Touraine, etc.), 1888, Préface, p. VII.

comité. On a observé que, dans un petit ménage de campagne, le lait de la vache était souvent nécessaire à la nourriture des enfants; que nulle loi ne pouvait obliger un cultivateur à préférer l'éducation du veau à celle de ses propres enfants; que cette loi serait injuste et inexécutable. Il y a déjà des arrêts des parlements rendus dans cet esprit, mais ils sont sans exécution et il ne peut en être autrement, parce qu'il est dans la nature des choses que tout ce qui est injuste en soi et essentiellement contraire à l'ordre ne peut s'établir malgré les lois qui l'ordonnent (1). »

Nous ne voudrions pas injurier les parlements qui ont mis la justice au service de l'erreur de M. de la Fage; mais, involontairement, nous nous rappelons le mot de Voltaire. Il n'y a si bon cheval qui ne bronche, disait-on à Voltaire pour excuser l'erreur judiciaire d'un parlement. Et l'impertinent de répondre : « Soit pour un cheval, mais toute une écurie!... »

*
* *

Nous osons donc le dire, le bien de l'homme doit être préféré au progrès de l'agriculture et en particulier à l'amélioration systématique des communaux.

« L'existence des biens communaux, dit M. Le Play, ... doit être placée, dans l'état actuel de

(1) H. Pigeonneau et A. de Foville, *L'administration de l'agriculture au contrôle général des finances*, 1882, p. 357.

l'Europe, au nombre des moyens d'assistance les plus efficaces en faveur des populations rurales; souvent même, elles y ont trouvé le moyen d'échapper aux atteintes du paupérisme et de se maintenir dans un état prononcé de bien-être et d'indépendance (1). »

« Généralement, écrit M. Roscher, l'usage des communaux offre plusieurs côtés très dignes d'éloges, comme une assistance des pauvres qui ne démoralise point, puisqu'elle oblige les indigents à travailler. En favorisant les vieillards, elle fait d'eux une ressource pour leurs familles, non plus une charge. Elle met un frein à l'envie, si dangereuse à tant d'égards, d'émigration vers les grandes villes, et tend, en définitive, à relever l'esprit communal (2). »

C'est qu'en effet les petites gens trouvent dans les jouissances communales des secours particulièrement précieux pour la vie de chaque jour.

Avec le pâturage commun, on nourrira sans frais, pendant la moitié de l'année, la vache, la chèvre ou la brebis qui donnera le lait à la maison.

Avec les aisances ou allotissements, le ménage le plus dénué de ressources devient possesseur d'un terrain dans lequel il recueille les pommes de terre qui seront toute l'année la nourriture de la famille et qui peut-être permettront d'élever un

(1) Le Play, *Les ouvriers européens*, 1855 (Appendice, p. 283, 2e col.).

(2) Guillaume Roscher, *Traité d'économie politique rurale* (traduction Vogel), 1888, liv. II, ch. VI, p. 337.

porc, si toutefois la récolte est suffisante et que par ailleurs on dispose d'un capital ou d'un crédit d'au moins 25 francs.

Rien n'est plus avantageux, pour nos populations rurales, que la répartition de l'affouage. Aussi, presque partout, lorsque l'étendue de la propriété communale le permet, le bois de feu est distribué aux habitants plutôt que vendu au profit de la caisse communale (1).

C'est là un secours inappréciable pour les pays de climat rigoureux où l'hiver se fait si durement sentir. Dans toutes les contrées, c'est un avantage

(1) Dans le département des Ardennes :

44 communes possédant 9,600 hectares vendent leurs coupes sur pied. Ce sont le plus souvent des communes qui, par suite de la proximité des villes ou du développement local de l'industrie, ont une agglomération d'habitants trop considérable pour répartir le bois en affouage.

11 communes possédant 563 hectares vendent leurs coupes par petits lots façonnés par un entrepreneur. Ce sont des communes qui, de même qu'un certain nombre appartenant à la catégorie précédente, sont plus préoccupées de leur budget que du bien-être de l'habitant.

104 communes possédant 20,678 hectares pratiquent l'affouage ; la plupart, lorsque le taillis est composé (taillis et futaie), vendent la futaie au profit de la caisse municipale.

Nous n'avons compris dans cet inventaire que les communes qui ont la libre disposition de leurs bois. Quatorze communes de l'arrondissement de Mézières possèdent d'autre part 6,506 hectares de bois, sur lesquel l'État exerce le droit *grurial* (droit à la moitié du prix de vente des écorces). Dans cette dernière catégorie, 5 communes possédant 2,357 hectares vendent le bois sur pied, et 9 communes possédant 4,148 hectares pratiquent l'affouage.

(Tous ces chiffres sont tirés d'un document statistique que nous devons à l'obligeance de M. Dérué, conservateur des forêts à Mézières.)

considérable pour les familles peu aisées. Au coin du feu qui pétille, le riche oublie ses soucis et le pauvre sa misère. Si la huche n'est pas bien garnie, l'âtre du moins restera allumé... Quelques-uns auront faim peut-être, ils n'auront pas froid.

L'affouage, dans certains pays, s'adapte d'une façon charmante aux besoins de l'habitant.

Sur la limite de la Champagne et de la Lorraine, dans ce pays de Beaumont en Argonne, célèbre par la charte libérale d'un archevêque du moyen âge (1), on distribue à chaque ménage non seulement du bois de feu, mais encore des *rames* et des *balayettes*. (*Sic* dans les Ardennes : Beaumont en Argonne, Létanne, Sommauthe, Vaux-Dieulet, etc..., etc...)

La balayette est une gaule de taillis que l'habitant est invité à venir choisir lui-même, au commencement de l'hiver, dans la coupe affouagère. Ce sera ordinairement une haute perche de charme dont la tête s'étale sur une tige nue et bien droite. Avec cela, chaque habitant pourra *ramoner* à peu de frais sa cheminée.

Les rames sont connues partout; elles servent, dans les jardins, à supporter les haricots et les pois. Dans les villages dont nous parlons, au printemps, vers le 15 mai, l'administration municipale fait amener sur la place publique un ou plusieurs chariots chargés de fagots de rames.

(1) Voir sur cette charte : abbé Defourny, *La loy de Beaumont*, Reims, 1864, et Edouard Bonvalot, *Le Tiers-État d'après la charte de Beaumont et ses filiales*, 1884.

L'appariteur prévient chaque habitant. Tous les ménages, à l'heure indiquée, viennent recevoir de la municipalité les rames qui leur sont attribuées.

Dans les bois communaux, les habitants peuvent recueillir une foule de menus produits, qui ont leur prix pour de pauvres gens (1).

C'est l'herbe pour nourrir quelques lapins, la chèvre ou même la vache. C'est la feuille morte pour en faire des couchettes. C'est la faîne pour fabriquer l'huile. C'est le gland pour nourrir les porcs. C'est la merise pour l'eau-de-vie. Aussi, parmi les espèces d'arbres de la forêt à la conservation desquelles on devait veiller avec le plus de soin, la loi de Beaumont plaçait « *les arbres portant fruits, comme chesnes, faux, poiriers, pommiers, ceraziers* » (2).

Notons, en passant, que la propriété forestière communale peut, exceptionnellement et dans des temps de véritable disette, apporter un secours précieux pour empêcher le bétail de mourir de faim.

« En 1785, les premiers mois de l'année avaient été d'une sécheresse exceptionnelle : les foins manquaient dans les trois quarts du royaume; les correspondances des intendants étaient des plus alarmantes; on craignait d'être obligé de sacrifier

(1) Cf. Le Play, *Les ouvriers européens*, 1855, p. 163 (XVII, note A).

(2) Loi de Beaumont, art. 48. — Voir abbé Defourny, *La loy de Beaumont*, p. 75 et 228.

la moitié et dans certaines régions les deux tiers du bétail... Le gouvernement s'émut. Le 17 mai, un arrêté royal autorisa les propriétaires de bestiaux à faire paître le gros bétail (bœufs et chevaux) dans les bois du domaine et dans ceux des communautés séculières et régulières jusqu'au 1er octobre 1785 (1). »

En 1893 notamment, la même ressource fut accordée aux communes propriétaires de bois (2), et beaucoup de pauvres gens purent, grâce à cet expédient, empêcher leur vache de mourir d'inanition.

Venir en aide à la maison et à la famille, telle est, sous différentes formes, l'utilité capitale de la jouissance commune.

Telle a été aussi la raison d'être de ces *usages* établis autrefois en faveur des habitants de village.

M. d'Avenel signale, à ce sujet, comment les populations et même un éminent magistrat entendaient, au dix-septième siècle, retrouver en pareille matière l'application des idées de charité et d'assistance :

(1) H. Pigeonneau et A. de Foville, *L'administration de l'agriculture au contrôle général des finances,* Introduction, p. IX.

(2) Arrêté ministériel du 13 mai 1893. « Il en existe certainement d'autres analogues à des dates antérieures. En ce qui concerne les forêts des communes, ces décisions ne sont que l'application des articles 112 et 67 du Code forestier. L'introduction du troupeau communal dans les cantons défensables est de droit ; les circulaires ou instructions n'ont pour but que de rendre plus large l'exercice de ce droit suivant les circonstances. » (Communication de M. Ch. Guyot, sous-directeur de l'École forestière à Nancy.)

« A ce rural qui vient au monde dénué de tous biens ou à peu près, écrit M. d'Avenel, qui ne doit compter pour vivre que sur l'effort de ses bras, la société garantissait une participation à la propriété foncière, puisqu'elle lui donnait gratis l'herbe et le bois... »

« Cette province étant presque toute en bois, disent au roi, en 1614, les États de Normandie, les meilleurs et les plus assurés revenus qu'aient les suppliants sont les usages et droits de chauffage qu'ils ont dans lesdites forêts, ce qui les aide à nourrir leur famille. »

« Dans un procès en Parlement de Paris (1628) où les défendeurs étaient un lot de campagnards riverains d'une forêt royale, qui avaient loué des bestiaux à cheptel et les nourrissaient au moyen du droit de pacage, l'avocat général Talon, concluant, au nom du parquet, en faveur de ces paysans contre l'administration forestière qui prétendait interdire cette pratique, s'écriait avec véhémence : « Cela va contre la liberté publique! Il n'y a ordonnance ni règlement qui autorise cette rigueur; au contraire, ce serait priver le pauvre peuple de son vivre et le réduire à la mendicité; d'autant que, chargés de tailles et impôts, ils n'ont d'autre substance que les pâtures, et il est raisonnable de leur donner moyen de subsister selon le lieu de leur demeure (1)! »

(1) George d'Avenel, *Paysans et ouvriers depuis sept siècles*, II. (*Revue des Deux-Mondes*, 15 oct. 1896, p. 817.)

§ 4. *Sentiment des populations vis-à-vis des communaux.* — Ce n'est donc pas sans raison que la plupart des populations rurales sont restées attachées au mode de jouissance en commun des propriétés communales.

Cet attachement, nous l'avons montré à maintes reprises; sous l'ancien régime l'histoire de la propriété communale pendant plusieurs siècles n'est que le récit des luttes des petits et des humbles pour conserver ce domaine.

C'est cet attachement qui a résisté aux théories économistes du dix-huitième siècle comme aux inspirations et même aux ordres de la Révolution. Voilà pourquoi, malgré les bouleversements, les changements de régime, les crises de toute sorte, le domaine communal a conservé jusqu'à nos jours une si grande importance.

Qu'on le veuille ou non, c'est là un fait dont il faut tenir compte.

Les mesures administratives qui froissent ce sentiment traditionnel sont ou mal accueillies ou peu respectées. « Si les attentats contre les propriétés (dans le département des Landes) sont rares, nous dit M. Baudrillart, les paysans n'hésitent pas à promener leurs troupeaux sur les jachères du voisin et à ramasser leurs provisions de chauffage dans ses bois... Ces mœurs traditionnelles tiennent à l'antique constitution du pays. Les communes possédaient autrefois d'immenses biens communaux, et les habitants y trouvaient ces avantages de pacage et d'affouage auxquels ils ne peuvent se décider à renoncer (1). »

« En Westphalie, écrit M. Roscher, maint partage de communaux, par le tort qui en résulta pour les petites gens, conduisit, en 1848, à des excès qui en firent emprisonner des centaines (2). »

En 1886, nous dit M. Leroy-Beaulieu, « le ministre des finances d'Espagne, M. Caucacho, tomba pour avoir voulu vendre les biens communaux et provinciaux (3). »

Si général que soit ce sentiment, il n'est cependant pas universel.

La propriété collective convient à un état agricole simple et rudimentaire, elle ne peut s'adapter aux procédés de production perfectionnés ni aux méthodes d'une culture intensive (4).

On a vu les communaux disparaître dans les pays riches où les exploitations sont divisées et dans lesquels le village n'est pas forcément l'agglomération de tous les habitants, les usages de communauté ne répondant plus à l'état social.

Ainsi, en Normandie, on constate, depuis la Révolution, « la conversion d'une quantité de biens communaux en propriétés individuelles. Il n'existe aujourd'hui que très peu de terrains communaux

(1) Henri Baudrillart, *Les populations agricoles de la France*, 3e série, 1893, Appendice, p. 620.

(2) Roscher, *Traité d'économie politique rurale*, 1888, p. 330, note.

(3) Paul Leroy-Beaulieu, *Traité de la science des finances*, 5e édit., 1892, t. I, p. 86.

(4) Cf. Leroy-Beaulieu, *Essai sur la répartition des richesses*. 4e édit., 1897, p. 71.

dans l'ancienne généralité de Rouen. Il en était tout différemment au dernier siècle, à en juger par l'importance que l'Assemblée provinciale attache à ce sujet en 1787 (1). »

C'est là une évolution naturelle, dont il faut se féliciter au point de vue agricole, mais qui est exceptionnelle.

La propriété communale, nous l'avons dit, se rencontre surtout dans les pays de montagne, et là, par nature, elle n'est guère susceptible d'améliorations culturales, encore moins de transformation.

« Les communaux proprement dits, écrit M. Desjardins, ne sont guère susceptibles d'une appropriation individuelle; les pauvres se trouveraient par là privés de leur plus grande ressource: le jour même où ils deviendraient propriétaires fonciers, ils aliéneraient bien vite un lot inutile entre leurs mains; cependant, on aurait entièrement sacrifié l'intérêt de la génération future, et l'avenir serait appauvri sans profit pour le présent. Aussi, rien de moins étonnant que l'exemple cité par le conseil général de la Meurthe, d'habitants qui s'étaient réunis spontanément, après le partage forcé de 1793, pour rendre leurs lots à la commune (2). »

(1) Baudrillart. *Les populations agricoles de la France* (Normandie et Bretagne). 1885. p. 103

(2) Arthur Desjardins. *De l'aliénation et de la prescription des biens de l'État, des départements, des communes.* Paris. 1862. Introduction. p. XXIX.

On pourrait objecter que ce sentiment n'est pas celui des populations de La Marche et du Limousin. Nous avons constaté notamment que les conseils généraux de la Creuse et de la Haute-Vienne ont réclamé avec insistance le partage des communaux.

Nous ferons observer que, dans ces pays, le domaine communal est presque tout entier entre les mains des sections de commune.

« Dans le département de la Haute-Vienne (en 1857), sur 19,727 hectares de biens communaux, on compte 19,712 hectares appartenant à des sections de commune, se subdivisant en 1,808 sections; on ne compte que 15 hectares appartenant aux communes (1). »

« Dans les départements montagneux du centre de la France, écrit M. Aucoc, le nombre des sections d'une même commune est en moyenne de 10, 11 et 15, et s'élève parfois jusqu'à 30, 36, 39 et même 64 et 66 (2). »

Dans ces conditions la propriété communale appartient seulement à des groupes d'habitants, groupes d'autant moins peuplés que le nombre des sections est plus multiplié dans la commune; il y a là une indivision entre quelques ménages, d'où résultent plus d'inconvénients que d'avantages.

(1) Procès-verbal des séances du conseil général de la Haute Vienne pour l'année 1857. (Aucoc, *Des sections de commune*, 2e édit., p. 153).

(2) Aucoc, *Conférences sur l'administration et le droit administratif*, 3e édit., 1885, t. I, n° 187, p. 334.

Nous nous expliquons fort bien et nous approuvons les réclamations de ces pays au sujet de l'existence de ces communaux placés absolument en dehors des conditions normales.

CHAPITRE II

CONCLUSIONS

Nous avons plus d'une fois au cours de cette étude exprimé notre opinion au sujet des communaux. Nous voulons ici nous résumer et conclure.

I

Nous sommes partisan de la conservation des communaux pour les services qu'ils rendent à l'habitant. Nous ne demandons pas toutefois que le patrimoine communal soit maintenu ou même agrandi sans raison. Nous ne nous opposons pas aux améliorations des biens communaux, loin de là, mais nous croyons utile de le redire : il y a des communaux qui par nature ou par situation ne peuvent être livrés à la culture.

En veut-on un dernier exemple. Dans une statistique agronomique de l'arrondissement de Toul rédigée en 1860, l'auteur nous fait connaître que 2,886 hectares de terres vaines ou vagues et de pâturages, sont la propriété des communes. « Ce sont, dit-il, en général des terrains où le sol a trop peu de profondeur pour être soumis à la culture;

463 hectares depuis la confection du cadastre ont été partagés ou loués, solution peu pratique à cause de la mauvaise qualité du sol (1). »

Nous désirons que les communaux soient améliorés; mais, en principe, nous voulons que l'État n'emploie, dans ce but, aucun moyen coercitif et que les communes conservent toujours la libre administration de leurs propriétés. A plus forte raison, nous repoussons avec énergie toute confiscation directe ou indirecte du domaine communal par l'Etat. Que dire de l'opinion de cet auteur, qui propose de n'accorder l'aliénation des biens communaux que « sauf prélèvement par l'État du tiers du bénéfice réalisé (2) » !

« Il n'est pas possible, écrit M. Le Berquier, sans faire violence à la loi actuelle, d'enlever à la commune le droit dont elle jouit, de régler l'administration de ses biens, et qui est au nombre de ses prérogatives les plus essentielles (3). »

Au point de vue économique, la conclusion est la même.

« Toute théorie absolue en ces matières, dit M. Cauchy, aboutirait à des résultats préjudiciables aux intérêts même que l'on voudrait servir; ce qui, dans certaines localités, serait juste, utile, opportun, deviendrait, ailleurs, une source

(1) Jacquot, *Statistique agronomique de l'arrondissement de Toul*. Paris, 1860, p. 217 et 219.

(2) Bouthors, *Les sources du droit rural*, 1865, p. 569, n° 392.

(3) Jules Le Berquier, *De la commune en France et des biens communaux*. (*Revue des Deux-Mondes*, 15 janv. 1859, p. 374.)

de froissements, d'injustice, de dommage (1). »

Aussi, nous repoussons avec énergie toute intervention du législateur qui aurait pour but d'ordonner, par mesure générale, le partage, la vente ou l'amodiation de tout ou partie du domaine communal.

Nous demanderons seulement qu'on insiste auprès des administrations municipales pour leur faire apprécier les avantages des biens communaux et leur enseigner la voie à suivre pour en tirer le meilleur parti.

Ce rôle peut être celui de l'État pourvu que les préoccupations politiques ne paralysent pas son influence et son action. Nous attendons davantage de l'initiative des sociétés privées. Par leurs enseignements, par leurs encouragements, les syndicats agricoles, les sociétés d'Agriculture, notamment la Société des Agriculteurs de France, peuvent exercer l'influence la plus efficace et provoquer des réformes utiles (2).

Il importe de faire connaître au pays, l'excellent parti qu'on peut tirer des communaux par des plantations de bois et aussi par dès concessions temporaires de terres cultivables, par ces allotissements que le dix-huitième siècle a multipliés et qui ont produit les meilleurs résultats en France comme en Angleterre, comme en Suisse. Ces

(1) Eugène Cauchy, *De la propriété communale,* p. 111.

(2) La Société des Agriculteurs de France, ne pourrait-elle pas stimuler le zèle des communes, en décernant des récompenses là où des communaux incultes auraient été utilisés ?

moyens sont recommandés particulièrement par deux savants économistes, M. Leroy-Beaulieu et M. de Laveleye (1).

A. *Plantations de bois.* — La plantation des terres incultes est une opération qui n'est pas dispendieuse, soit qu'on plante à la charrue des essences feuillues, soit plutôt qu'on garnisse le terrain à la pioche avec des résineux. Il n'y a guère de terres si déshéritées, qui ne puissent donner ainsi un rendement et en même temps s'améliorer par les détritus des végétaux ligneux.

On ne saurait trop faire connaître les résultats vraiment surprenants qui ont été acquis depuis un demi-siècle sur les calcaires désolés de la Champagne.

« Allez en Champagne, écrit M. Noël, consultez les grands comme les petits propriétaires de cette région parsemée de terrains arides et improductifs. Çà et là, la monotonie du paysage est tranchée brusquement par des bandes de verdure. Ce sont les repeuplements résineux en pin sylvestre, pin laricio, pin d'Autriche, mélèze, effectués depuis cinquante ans sur de vastes espaces et qui aujourd'hui sont en plein rapport. Là, un propriétaire qui avait acheté l'hectare aride et nu au prix de 4 francs il y a trente-cinq ans, et qui a dépensé

(1) Paul Leroy-Beaulieu, *Traité de la science des finances*, 5e édit., 1892, t. I, p. 84. — Emile de Laveleye, *De la propriété et de ses formes primitives*, 2e édit., 1877, ch. XVIII *in fine*, p. 313.

50 francs seulement pour le reboisement, vient de retirer 1,800 francs de sa coupe. Le terrain repeuplé naturellement vaut maintenant de 400 à 600 francs l'hectare (1). »

Pourquoi les communes ne suivraient-elles pas l'exemple de ces propriétaires ? La plupart des terrains incultes qui leur appartiennent, valent encore mieux que les calcaires de Champagne.

On nous excusera de citer un fait personnel. Le domaine que nous habitons dans les Ardennes comprenait une quantité importante de ces terres vagues appelées dans le pays *triots*, sur lesquels autrefois les moutons pouvaient plutôt se promener que pâturer. M. Mathys, beau-père de celui qui écrit ces lignes et propriétaire du domaine de Belval (Ardennes), entreprit il y a cinquante ans de planter ces terrains, restés incultes depuis la création. Ces travaux avec le temps ont obtenu le succès le plus complet (2), succès comme résultat et comme exemple. En effet, dans les communes du voisinage, les habitants ont été impressionnés par ces heureuses plantations et, depuis sept ou huit ans, les conseils municipaux de Vaux-Dieulet et de Fossé (Ardennes), pour ne citer que ceux-là, ont entrepris la plantation de territoires considérables de *triots*. C'est ainsi particulièrement que

(1) Arthur Noël, *Essai sur les repeuplements artificiels*, 1882. Introduction, n° 35.

(2) Nous avons placé à la suite de notre étude une *Note sur les plantations de Belval*, afin de démontrer quels résultats ont été obtenus.

la commune de Vaux-Dieulet a créé tout récemment neuf hectares de superbes plantations qu'elle augmente chaque année.

L'exemple, il est vrai, a été longtemps avant de porter des fruits. Mais il faut l'avouer, les membres des administrations municipales, du moins dans ce coin des Ardennes, décidaient quelquefois des intérêts communs d'après leur avantage personnel. Jusqu'alors l'élevage du mouton rapportait. Les membres du conseil municipal étant les principaux cultivateurs de la commune et possesseurs presque exclusifs des moutons, conservaient avec soin ces terres vagues à l'état de nature, parce que leurs troupeaux s'y entretenaient sans bourse délier. Depuis vingt ans, le prix de la laine ayant baissé de plus de moitié, l'élevage du mouton a été presque abandonné, et les conseillers municipaux, ont eu toute liberté de songer sans arrière-pensée à tirer un meilleur parti des terrains vagues de la commune; ce qu'ils ont fait, et ce dont on ne saurait trop les féliciter.

Combien de communes en France pourraient ainsi rendre productifs des terrains encore sans valeur? Dira-t-on qu'il faut quelque avance de fonds pour planter? Mais quelle est la commune qui ne saurait trouver 60 ou 80 francs dans son budget pour entreprendre chaque année la plantation d'un hectare en résineux!

Admettons que le budget communal ne puisse se prêter à cette opération. La commune pourra emprunter pour planter; cela vaudra mieux que d'emprunter pour bâtir, ce qui se voit pourtant fréquemment.

Mais la commune n'a aucun crédit. Reste encore à prendre le parti qui a été suivi en 1857 dans les Landes : aliéner une portion des terrains pour pouvoir boiser le restant.

Peu importe le moyen ; il suffit de vouloir.

Il ne faudrait pas cependant conclure d'une façon absolue que tous les communaux peuvent et doivent être plantés. La nature du terrain ou l'intérêt des habitants peut s'y opposer.

A la fin de l'année 1701, alors que l'esprit public se préoccupait de la disette des bois, le contrôle général des finances à Paris, crut devoir consulter les intendants au sujet d'un mémoire qui proposait au gouvernement d'exiger la plantation immédiate de tous les communaux.

Certaines de ces réponses sont à méditer :

L'intendant d'Amiens écrit : « A peine y a-t-il assez de *communes* pour la nourriture des bestiaux ; les landes appelées *riez* sont très chargées de cailloux ou d'une qualité de craie qui est d'une stérilité absolue. »

L'intendant de Bourgogne : « Quant à planter les communaux, personne ne voudrait se charger de les enlever aux communautés, que cette perte ruinerait absolument et qui traiteraient les nouveaux occupants comme des usurpateurs. »

L'intendant de Caen : « Quant à l'ensemencement des landes, terres incultes et communes qui sont très nombreuses dans les élections de Coutances, Vire, Avranches et Mortain, on ne pourrait l'obtenir qu'en assurant force privilèges aux particuliers qui s'en chargeraient. »

L'intendant de Poitiers dit « que les *communes* se trouvent généralement dans des terrains marécageux impropres à porter du bois, et que personne d'ailleurs ne voudrait acquérir. »

L'intendant de Provence répond que « le terrain montagneux est impropre à semer du bois, que rien de ce qui peut être cultivé ne reste en friche, et qu'on ne saurait priver du pacage dans les taillis des montagnes des habitants qui n'ont que leurs chèvres pour se nourrir et engraisser leurs terres. »

L'intendant de Soissons « ne croit point praticable d'afféager les landes ou terres vagues et incultes qui servent à la nourriture du bétail (1). »

Aujourd'hui encore certaines des objections exprimées par les intendants conservent leur valeur.

B. *Allotissements. Aisances. Partages de jouissance.* — Par les plantations de bois, les communes peuvent, presque toujours, tirer un bon parti de leurs terrains vagues.

Cependant, les administrations communales feront bien de ne pas oublier la destination secourable des communaux. Si des biens communaux,

(1) De Boislisle, *Correspondance des contrôleurs généraux des finances avec les intendants des provinces.* Paris, 1873, t. II, n° 355, note, p. 100 à 102.

même productifs de revenus, se trouvent à proximité des habitations, surtout si les habitations sont toutes réunies dans le village, une excellente mesure à prendre sera de répartir tout ou partie de la propriété communale en allotissements.

Si c'est là un moyen de mettre en valeur des terres jusque-là incultes, il faut s'en féliciter; mais ce qu'il faut envisager surtout, ce sera le profit donné à l'habitant et aux familles.

Rien de plus avantageux pour ceux-là, qui peut-être n'ont même pas un jardin, que de recevoir de la commune la jouissance d'un lot de terre où seront cultivés tous les légumes nécessaires au ménage. Aussi rien de plus apprécié que ces *aisances*, comme on les appelle dans nos régions de l'Est. Inutile, du reste, de consacrer aux allotissements une étendue de terre trop considérable. Un demi-arpent par ménage suffit largement (19 à 20 ares).

« Nos départements les plus pauvres, écrit M. Ferrand, possèdent des communaux d'une grande étendue qu'ils ne peuvent en général ni louer, ni aliéner, ni gérer avec profit; leur population, sur plus d'un point est misérable, sans industrie, souvent sans travail; ici encore, ici surtout, qu'on ait recours à l'allotissement! Concéder, même temporairement, un lot de terre à un chef de famille, c'est le mettre en possession d'un capital, c'est l'attacher au sol et au travail et le préparer à tous les instincts et à tous les enseignements de la propriété. Une population malheureuse et inquiète trouvera dans l'allotissement des éléments sérieux de bien-être et de moralisation; la commune, des ressources nouvelles qu'elle pourra élever selon le revenu des lots et selon les besoins de la caisse municipale (1)... »

En Angleterre, nous dit M. Faucher (2), la condition d'ouvriers misérables a été complètement changée dès que l'on eut l'idée « d'attacher à la chaumière une parcelle de terrain cultivable ayant un acre ou un demi-acre d'étendue... Ce système, que l'on désigne tantôt sous le nom de *allotment system*, tantôt sous celui de *field-garden system*, et tantôt sous celui de *rootland system*, bien qu'il n'ait reçu jusqu'à présent qu'une application partielle, a déjà produit les meilleurs effets. Voici le témoignage qu'en rendent les commissaires chargés d'examiner la condition des femmes et des enfants employés dans l'agriculture :

« Les lots de terre (*allotments*), dit M. Vaughan, commissaire envoyé dans les comtés de Kent, de Surrey et de Sussex, peuvent être considérés comme une tentative faite pour ajouter à l'industrie de l'homme celle de sa femme et de ses enfants, pour écarter ceux-ci d'un marché encombré, et pour affranchir leur consommation de la surcharge qu'ils payeraient dans les boutiques de village. Ce système affecte spécialement les femmes

(1) Joseph Ferrand, *De la propriété communale en France*, 1859, p. 66.

(2) Léon Faucher, *Études sur l'Angleterre*, 2e édit., 1856, t. I, p. 439.

et les enfants, sous le rapport de l'occupation comme sous celui du salaire, en leur offrant un travail facile et profitable : il donne aussi plus d'activité aux soins domestiques, et provoque la femme à déployer son habileté dans la préparation des végétaux, *aliments qui étaient tombés en désuétude*...

« Dans la partie occidentale du Sussex, ce système a principalement été utile aux enfants des deux sexes, qui ont appris ainsi à planter et à sarcler. La cuisine du ménage s'est également fort améliorée, et la nourriture, au lieu de prendre pour base le pain, le beurre et le fromage achetés dans les boutiques, se compose de végétaux assaisonnés au logis. »

« Dans les comtés de Suffolk, de Norfolk et de Lincoln, les lots de terre sont devenus la ressource de la population rurale, lorsque l'industrie de la filature domestique a disparu.

« Ce système, dit M. Denison, favorise les bonnes habitudes; il est moral et social à la fois; il emploie les femmes ainsi que les enfants. Un esprit d'émulation s'empare des paysans, qui cherchent à se surpasser l'un l'autre dans la qualité, ainsi que dans la quantité des produits. Si l'on attachait quarante à cinquante verges de terre à chaque chaumière dans les districts ruraux, on ferait cesser le paupérisme.

« La paroisse de Balmer, sur la frontière du comté d'Essex, était une des plus chargées de pauvres; il y a quelque temps, on partagea une certaine étendue de terre entre soixante-treize familles, à raison de quarante verges par famille et de 10 shillings (13 fr.) de loyer par année. Cette paroisse est aujourd'hui celle qui présente l'aisance la plus générale, et la taxe des pauvres s'y est réduite dans une notable proportion. Les lots de terre ont fait succéder la prévoyance à l'imprévoyance. Un chef de famille qui n'en a pas obtenu se considère comme étant moins riche de 2 shillings par semaine.

« Dans la paroisse d'Elneham, on compte près de cent chaumières auxquelles des lots de terre sont joints. La culture de ces parcelles occupe invariablement les enfants et les femmes; les bons résultats du système, sous tous les rapports, sont incalculables : il apporte le bonheur, le contentement, l'amour du travail, la régularité des mœurs; et les pauvres eux-mêmes commencent à l'apprécier.

« Les journaliers qui ont des lots de terre sont bien supérieurs aux autres. Ils trouvent ainsi de l'occupation et de l'amusement autour d'eux pour les moments de loisir; et leur âme s'élevant à des pensées plus morales, ils cessent de fréquenter le cabaret. La possession d'une petite propriété leur apprend à respecter la propriété d'autrui. Il est sans exemple que le possesseur d'un lot ait été traduit devant le jury, et je connais au contraire des cas remarquables d'amendement. »

Nous avons déjà signalé le résultat économique des partages de jouissance de communaux opérés en France, à la fin du dix-huitième siècle. Nous les avons approuvés hautement, du moment que le fonds de la propriété communale n'était pas aliéné.

En Suisse et dans une partie de l'Allemagne, on retrouve ces partages de jouissance du bien communal qui s'appelle l'*Allmend*. M. de Laveleye en parle avec admiration (1) :

« Je crois, dit-il, avoir constaté les bons effets économiques de la propriété communale bien organisée, telle qu'elle l'est dans l'*Allmend*, de la Suisse et de l'Allemagne méridionale, où la terre arable collective est partagée entre les habitants la vie durant. Cette curieuse institution ne se rencontre pas, comme on l'a cru, uniquement dans les cantons alpestres. Elle est encore en pleine vigueur dans toute la Suisse allemande, en Hesse, en Bade, en Wurtemberg et dans les Hohenzollern. Elle s'est maintenue en de riches villages et même en de petites villes, dans les plaines si admirablement cultivées du Rhin, jusque dans la partie de la Hesse où le Code civil français ne l'a pas fait disparaître.

« Certes, je ne vois pas, dans l'*Allmend*, la solution de ce que l'on appelle la question sociale, car je n'imagine pas qu'il existe des recettes pour guérir d'un coup les sociétés des maux et des iniquités résultant d'un long passé de mauvais gou-

(1) Émile de Laveleye, *La propriété primitive dans les townships écossais*. Orléans, 1885, p. 13. (Extrait du compte rendu de l'Académie des sciences morales et politiques.)

vernement. Je ne crois qu'aux améliorations lentes et successives ; mais, à ce titre, je pense que l'*Allmend* offre de nombreux avantages. Elle empêche à la fois le morcellement excessif et l'accaparement de la propriété par les *latifundia*. Elle permet aux villages d'exécuter des travaux d'ensemble sur le domaine. Elle donne une base à la famille-souche dont parle l'école Le Play. Elle attache le campagnard à la terre par les liens de l'intérêt, et prévient ainsi en quelque mesure l'émigration à la ville. Elle offre aux familles peu aisées un secours moins sujet à objections que la loi des pauvres et le *Work-House* en Angleterre, et que les bureaux de bienfaisance du continent. Elle empêche la naissance ou l'accroissement du paupérisme rural. Elle initie à la vie politique les habitants du village qui, dans leurs assemblées générales, règlent directement l'administration du domaine collectif. »

Il y a donc, dans ces partages de jouissance, une ressource bien précieuse pour l'habitant; c'est là une utilisation admirable des communaux, et, partout où cela est possible, les conseils municipaux devront tenter cette organisation; ils devront surtout maintenir ce qui aura été fait dans ce but.

Après la maison, il n'y a rien qui tienne au cœur de l'homme plus que le champ, le jardin, le coin de terre.

Qu'on nous permette un rapprochement.

L'organisation sociale du moyen âge avait appliqué largement la maxime divine : *Terram filiis hominum*. Les fondateurs de nos villages, des « *villes neuves* », avaient doté richement les bourgeois qu'ils affranchissaient :

« Les bourgeois, nous dit M. Bonvalot, ont, sous la dénomination d'aisements, d'aisances (*usus*, *aisantiæ*), un droit de jouissance sur le domaine communal institué lors de l'affranchissement (1). »

La vie leur était assurée.

Dans nos villes modernes, où l'ouvrier trouve à peine un logement insalubre, la terre est le luxe du riche. C'est un fait brutal; mais quel remède y apporter?

De nos jours, le socialisme en Angleterre, la charité en France, ont voulu mettre cette terre entre les mains de l'ouvrier. Inutile de dire que c'est par des moyens différents; mais cette tentative n'est-elle pas l'application de l'idée ancienne des communaux?

En Angleterre, l'*act* du 5 mars 1894 est venu donner au conseil de paroisse « le pouvoir de louer des terres à l'amiable, en exécution des *acts* spéciaux sur les *allotments*. Mais ce qui distingue ce pouvoir, c'est qu'il va jusqu'au droit de contraindre les propriétaires à faire ces locations, au cas où ils ne s'y prêteraient pas de bonne grâce. C'est même un trait saillant de la politique nouvelle que de multiplier les locations de petits terrains au

(1) Édouard Bonvalot, *Le Tiers-État d'après la charte de Beaumont*, 1884, p. 344.

profit des ouvriers des campagnes, même contre la volonté des propriétaires et par les procédés les plus exorbitants. Ainsi le veut le principe démocratique porté à son plus haut point d'intensité par l'interprétation socialiste » (1).

En France, la charité privée, cette bonne fée aux mille ressources, a été plus ingénieuse et moins brutale. Sans introduire le désordre dans la société, elle a poursuivi le même but et avec succès.

A Sedan, une femme de cœur, Mme Hervieu, organisa, en 1891, l'*œuvre de la reconstitution de la famille.* « Une société fut formée, nous dit M. Louis Rivière (2), elle loua, aux environs de la ville, deux pièces de terre d'une surface totale de 14,000 mètres, et les divisa entre 21 ménages. Les parts varient de 600 à 800 mètres carrés, suivant le nombre des personnes composant la famille. Outre la terre, on fournit aux preneurs les graines, outils et engrais nécessaires pour commencer à la cultiver... Les résultats de la première année se résumaient ainsi : avec une dépense de 535 fr. 75 on a assuré à 145 personnes un secours effectif et une portion notable de leur nourriture. Cela fait, pour l'année, 3 fr. 67 par personne ou 30 centimes par mois. Qu'eût produit, je vous le demande,

(1) A. de Haye, *L'organisation des paroisses en Angleterre.* (*Bulletin de la Société de législation comparée*, mars 1895, p. 237.) — Voir le détail des dispositions de la loi dans l'*Annuaire de législation étrangère*, 1895, p. 39 et suiv.

(2) Louis Rivière, *Une forme nouvelle d'assistance par le travail : les jardins ouvriers.* (*La Réforme sociale*, n° du 16 mars 1898, p. 460 et suiv.)

un secours aussi minime donné en argent ou en bons? Et en outre, les assistés ont repris l'habitude du travail, ont employé utilement un temps qui eût été perdu au cabaret, au double détriment de leur santé et de leur bourse. Les enfants ont été dressés à travailler près de leurs parents et ceux-ci à vivre avec leurs enfants... En 1897, l'œuvre a assisté 95 familles et les jardins couvrent tout près de 6 hectares. »

L'exemple est contagieux, et la charité active. A Saint-Étienne, à Rosendaël, à Arras, à Hazebrouck, à Gravelines, à Valenciennes, à Montreuil-sur-Mer, à Saint-Riquier, à Boulogne-sur-Mer, à Bruxelles même, à Orléans, à Mende, à Nantes, à Reims, à Brives, à Poitiers, à Besançon, à Soissons, des jardins ouvriers ont été créés. Nous n'entreprendrons point ici d'étudier les résultats obtenus; il nous suffit de signaler ce mouvement (1).

II

L'amélioration du domaine communal et la bonne utilisation qui doit en être faite est donc surtout l'œuvre des conseils de la commune.

(1) Voir pour les détails, avec le travail précité de M. Rivière : R. P. Roure, *Les jardins ouvriers de Saint-Étienne* (*Études religieuses, philosophiques et littéraires* du 15 octobre 1896). *Œuvre de la reconstitution de la famille.* Sedan, imp. Jules Laroche (Comptes rendus annuels). — Cf. Brunetière, *Revue des Deux-Mondes*, 1er mai 1898, p. 236. J.-B. Piolet, *Correspondant*, 10 juillet 1898, p. 136 et suiv.

De son côté, l'administration supérieure ne saurait se désintéresser de cette question si importante. C'est à elle qu'incombe le devoir d'éclairer les conseils municipaux et de leur faciliter l'accomplissement de la tâche. C'est ainsi, par exemple, que l'autorité préfectorale devra veiller avec soin à ce que le tarif de la taxe affouagère ne soit jamais trop élevé.

L'administration forestière devra autoriser dans les bois communaux, avec les plus grandes facilités (1), les récoltes d'herbes, litières, feuilles sèches, faînes, etc., qui sont la ressource des pauvres gens.

Nous ne voudrions pas voir se multiplier les partages en propriété des communaux, mais nous l'avons dit, nous considérons comme utile une loi qui autoriserait les opérations de ce genre dans les pays sectionnaires du centre de la France. Il faudrait pour cela reprendre le projet de loi de 1868 pour les huit départements qui y étaient spécialement visés (2).

Enfin, nous demanderions que, dans certains pays, l'État abandonnât gracieusement, au profit de nos populations rurales, les droits féodaux dont il est encore détenteur sur la propriété forestière communale. Les privilèges ont été abolis depuis

(1) C'est un devoir de justice pour nous de signaler ici l'esprit libéral de l'administration forestière.

(2) La question du partage dans les pays sectionnaires a été étudiée en détail par M. Juillet Saint-Lager, *De l'avenir des biens communaux en France*, 1882.

tantôt cent ans; le clergé et la noblesse ont été généreux, l'État l'a été moins.

Dans le pays lorrain, ce droit de *tiers-denier* dont nous avons parlé, n'est qu'un droit féodal. Féodal aussi ce droit *grurial* que l'État exerce dans plusieurs communes des Ardennes de la vallée de la Meuse (1). « Le gouvernement, écrit un historien local, qui avait aboli les droits féodaux en avait maintenu quelques-uns dont il tirait profit. De ce nombre était le *droit grurial*, qui subsiste encore aujourd'hui et en vertu duquel l'État prélève un peu plus de moitié sur le prix total de la vente des écorces dans les bois communaux, droit onéreux dont la commune voudrait être affranchie, mais que l'État maintient, même contre les demandes de rachat (2). »

*
* *

Nous avons terminé cette étude. Nous accusera-t-on d'avoir, contrairement au sentiment général, envisagé les communaux sous un jour trop favorable? Peut-être. Mais ce que nous admirons dans le bien communal, c'est qu'il offre à tous un patrimoine. Nous sommes de ceux qui, par tradition et par conviction, croient que l'homme attaché à

(1) Quatorze communes de l'arrondissement de Mézières, possédant ensemble 6,506 hectares de bois, sont ainsi soumises par l'État à l'exercice du droit grurial.

(2) Abbé Péchenard, *Histoire de Gespunsart*. Charleville, 1877, p. 271.

la terre conserve davantage les qualités morales qui ennoblissent l'individu et grandissent un peuple. De nos jours, les intérêts cosmopolites et la vie fiévreuse tendent de plus en plus à jeter la famille hors de son foyer, effaçant les traditions, isolant les individus. En même temps s'affaiblit l'amour de la patrie.

Nous voulons reconnaître dans cette propriété communale un lien qui attache au pays les déshérités de la fortune.

La patrie, c'est la terre. C'est pour tous, riches, ou pauvres, ce village, ce clocher, qui évoquent le souvenir de notre berceau. C'est le champ que nos pères ont cultivé et embelli. C'est cette terre qui couvrira de fleurs ou de ronces la poussière de notre tombe.

PIÈCES JUSTIFICATIVES

I

NOTES SUR LES PLANTATIONS EFFECTUÉES SUR LE DOMAINE DE BELVAL, COMMUNE DE BELVAL-BOIS-DES-DAMES (ARDENNES).

Le domaine de Belval est un démembrement d'une ancienne abbaye de Prémontrés.

Acquis en 1841 par M. Mathys, ce domaine, quoique important, ne comprenait sur toute son étendue (500 hectares environ) que deux bouquets de bois :

L'Armajette..................	5 h. 37 a. 20 c.
La Novice....................	1 h. 55 a. 60 c.

Au total, un peu moins de sept hectares. Toute la propriété forestière des religieux (1370 hectares, forêt de Belval et du Dieulet) était restée dès la Révolution dans le domaine de l'État, par le fait de l'inaliénabilité des forêts. Dans ces conditions, il y avait urgence pour l'acquéreur à boiser au moins les terres vagues qui couronnaient çà et là les hauteurs de la propriété. Il importe en effet que celui qui vit sur ses terres y trouve son chauffage. C'est là, et particulièrement dans un pays où l'hiver est rigoureux, une des nécessités de la vie.

M. Mathys se mit donc à l'œuvre pour boiser les terrains vagues appelés dans le pays « *triots* ». Il fit plus, et par des achats répétés, il acquit sur le territoire des communes environnantes de petits lots de terre de même nature (1) pour les planter aussitôt.

Cette entreprise aboutit à un résultat évident. Des terres jusque-là incultes se couvrirent de « *garennes* » et, au lieu d'acheter du bois pour se chauffer, le propriétaire put en vendre.

Belval possède aujourd'hui plus de 73 hectares de plantations, dont 53 hectares boisés par M. Mathys, il y a une quarantaine d'années, et 20 hectares environ ensemencés ou plantés récemment par M. Graffin.

1° *Plantations anciennes.*

Toutes ces plantations ont été faites à la charrue suivant l'usage du pays. Immédiatement avant que la charrue ne verse la bande de terre déchirée par le soc, deux hommes placent rapidement des plants dans le fond de la « *roie* » tracée précédemment. Lorsque la charrue a passé, le plant est recouvert par toute l'épaisseur de la terre versée.

Ce mode de plantation réussit surtout si la terre qu'on plante est gazonnée. Sur un terrain plat, il est assez expéditif, quoique fatigant pour les hommes qui toujours courbés placent le plant sous la charrue. Ce procédé devient lent et difficile lorsque, comme cela arrive dans nos collines de l'Argonne, le terrain est situé sur un versant parfois très rapide et souvent escarpé. Alors la charrue ne passe utilement que dans un sens, et la roie finie, il faut revenir sur ses pas jusqu'au point initial, afin de verser toujours la terre du côté de la vallée. Autrement, les racines des plants ne seraient

(1) Nous pensons que la plupart de ces terrains d'une valeur presque nulle, avaient été acquis ou usurpés sous la Révolution au détriment du domaine communal. Les communes possèdent encore dans ce pays de vastes *triots* du même genre.

pas sûrement recouvertes et la plantation serait manquée.

Les plants ainsi employés, proviennent le plus souvent d'arrachages faits directement dans les massifs forestiers du voisinage. Les essences choisies de préférence sont le bouleau, principalement, puis le saule, l'aune et le charme. Ces plants manquent de chevelu et leur reprise est peu assurée ; aussi, on n'en emploie pas moins de 18 à 20 mille à l'hectare. Ils coûtent de 3 fr. à 3 fr. 50 le mille.

On peut évaluer ainsi le coût d'un hectare de plantation :

Labourage	40 fr.
Plants	70 fr.
Main-d'œuvre	15 fr.
Total	125 fr.

La plantation est recépée au bout de deux ou trois ans. Il y a lieu quelques années après de replanter à la pioche les clairières trop accusées.

Il faut bien compter vingt ou ving-cinq ans, avant qu'on puisse tirer profit d'une plantation.

Afin de faire apprécier nettement les résultats obtenus aujourd'hui par les plantations ainsi faites, nous donnerons quelques renseignement sur les cinq premières garennes créées par M. Mathys.

Garenne n° 1.

Situation : commune de Buzancy. Section A du plan cadastral, nos 373, 373 bis, 374, 375.
Contenance : 3 hectares, 12 ares, 36 centiares.
Revenu cadastral : 9 fr. 37 (5e classe).

Le terrain a été acheté en 1843 pour 320 francs. Les frais de plantation peuvent être évalués à 390 francs. Au total : 710 francs.

La coupe a été vendue en 1876........... 637 fr.
— en 1886........... 700 fr.

Garenne n° 2.

Situation : commune de Fossé. Section D du plan cadastral ; n° 554.
Contenance : 1 hectare, 19 ares, 20 centiares.
Revenu cadastral : 1 fr. 79 (5e classe).

Le terrain a été acheté en 1844 pour 99 francs. Les frais de plantation peuvent être évalués à 149 francs. Au total : 248 francs.

La coupe a été vendue en 1878............ 130 fr.
— en 1892........... 145 fr.

Garenne n° 3.

Situation : commune de Fossé. Section D du plan cadastral ; nos 70, 71, 72.
Contenance : 2 hectares, 13 ares, 80 centiares.
Revenu cadastral : 4 fr. 21 (5e classe).

Le terrain a été acheté en 1843 pour 325 francs. Les frais de plantation peuvent être évalués à 267 francs. Au total : 592 francs.

La coupe a été vendue en 1880........... 260 fr.
— en 1892........... 250 fr.

Garenne n° 4.

Situation : commune de Fossé. Section A du plan cadastral ; n° 292.
Contenance : 60 ares, 95 centiares.
Revenu cadastral : 0 fr. 93 (5e classe).

Le terrain a été acheté en 1850 pour 80 francs. Les frais de plantation peuvent être évalués à 76 francs. Au total : 156 francs.

La coupe a été vendue en 1876........... 105 fr.
— en 1888........... 110 fr.

Garenne n° 5.

Situation : Commune de Fossé. Section A du plan cadastral; n° 79.
Contenance : 76 ares, 19 centiares.
Revenu cadastral : 1 fr. 25 (5e classe).

Le terrain a été acheté en 1850 pour 100 francs. Les frais de plantation peuvent être évalués à 95 francs. Au total : 195 francs.

La coupe a été vendue en 1876	130 fr.
— en 1887	130 fr.

Ces cinq garennes ont été plantées de 1845 à 1850. On remarquera par conséquent que, vers 1870, elles ont donné un produit appréciable. Il n'en a pas été conservé trace dans les registres de la propriété, le produit de ces garennes ayant été consacré au chauffage de la maison.

Observons d'autre part, que le résultat d'une plantation ne se peut apprécier d'une façon absolue par le prix de vente de la coupe. En effet, des réserves de plus en plus importantes ont successivement meublé le terrain, et ordinairement on n'a abandonné que les arbres dépérissants ou maltraités par la gelée et le vent.

Pour préciser davantage, nous transcrivons ci-dessous l'état de la dernière coupe faite sur la garenne n° 1.

État de la coupe de la garenne n° 1, faite en 1886.

Abandon : 166 bouleaux.
Réserve : 245 bouleaux et 1 frêne modernes, plus 304 baliveaux.

La coupe a donné 3.625 fagots vendus sur place 22 francs le cent, et 14 cordes 1/2 de bois fendu, de 4 stères l'une, vendues à raison de 30 francs la corde.

Le produit brut est donc :	Fagots	797 fr. 50
	Cordes	435 fr. »
	Total	1232 fr. 50

Les frais de l'acheteur sont les suivants :

Façon des fagots à 9 fr. le cent............	326 fr. 25
Façon des cordes à 4 fr. l'une............	58 fr. »
Prix d'acquisition de la coupe............	700 fr. »
Total............	1084 fr. 25

Le bénéfice de l'acquéreur a été de 148 fr. 25 et le produit net de la coupe est de 848 fr. 25.

Cette petite propriété paie aujourd'hui 2 fr. 30 d'impôts par an, soit 23 fr. pour le laps de 10 ans. Déduction faite des impôts, la garenne a donc rapporté en dix ans 825 fr. 25. C'est un revenu annuel net de 20 fr. 65 par hectare, et l'hectare a coûté tous frais faits (achat et plantation) : 227 francs.

Dira-t-on que la terre est restée 20 ou 25 ans sans rien rapporter. Cela est vrai. Mais il faut considérer qu'en outre du revenu ci-dessus, on a laissé sur pied, sans compter les baliveaux, une réserve de 246 arbres dont la valeur calculée d'après le rendement de l'abandon est d'au moins 18 cordes à 30 francs, soit de 540 francs, ce qui représente plus de deux fois la valeur du capital initial.

2° *Plantations nouvelles.*

M. Graffin, propriétaire actuel du domaine de Belval, a continué les travaux de plantations. Par suite de l'avilissement du prix des fermages, par l'effet aussi de l'abandon de l'élevage du mouton, bien des terres d'accès difficile et de nature ingrate ne pouvaient plus être utilisées par la culture. Depuis une dizaine d'années plus de 20 hectares ont été encore ensemencés ou plantés.

Les ensemencements ou les plantations de feuillus à la charrue n'ont été utilisés que pour une très faible partie.

La plupart de ces plantations ont été faites en résineux à l'aide de la pioche. Ce procédé, bien connu en Champagne, donne des résultats excellents et le prix de revient est minime. Le mélèze, le pin noir d'Autriche, le pin sylvestre, le pin laricio, le sapin pectiné (sapin des Vosges) ont été surtout utilisés. L'épicéa a donné de mauvais résultats, la reprise en est difficile.

Les frais de plantation d'un hectare en résineux reviennent au prix ci-dessous :

4,000 plants environ à 12 fr. le mille........	48 fr.
Main-d'œuvre..........................	12 fr.
Total..............	60 fr.

On pourrait employer sur un hectare moitié plus de plant; mais dans le pays qui est couvert de forêts, les brins d'éclaircie n'auraient plus tard aucune valeur. On a préféré espacer davantage les jeunes arbres afin d'éviter les frais d'éclaircie.

Nous ne pouvons donner pour cette opération aucun résultat. Mais nous nous reprocherions de ne pas signaler avec M. Noël, que « c'est surtout aux résineux qu'il faut avoir recours pour la mise en valeur des terres incultes ». Cet auteur fait connaître notamment qu'une pineraie établie sur un sol d'une valeur de cent francs l'hectare, a donné un produit de 3.000 francs par hectare, après trente-cinq ans (1).

Nous estimons que nos plantations de résineux pourront fournir à quarante ans environ 1.500 pieds d'arbres à l'hectare d'une valeur d'au moins 1 franc l'un, soit un produit minimum de 1.500 francs.

(1) Arthur Noël, *Essai sur les repeuplements artificiels*, 1882, p. 289 et 290.

II

DOCUMENTS ORIGINAUX SUR LE PARTAGE DES COMMUNAUX ET LE RÈGLEMENT DES PORTIONS MÉNAGÈRES AU DIX-HUITIÈME SIÈCLE.

Édit du roi, portant règlement pour le partage des communes dans les Trois-Évêchés.

Donné à Marly au mois de juin 1769; registré en parlement le 6 juillet suivant (1).

LOUIS, par la grâce de Dieu, roi de France et de Navarre : A tous présens et à venir; salut. Les encouragemens que nous nous sommes empressés d'accorder à l'agriculture dans différens temps, ont dû prouver combien elle nous paroissoit importante. Les succès qu'ils ont eus, nous ont convaincu qu'elle est seule la source des vraies richesses de notre royaume. Les défrichemens opérés depuis notre déclaration du 13 août 1766, ont mis à valeur des terreins qui n'avoient aucuns produits, et nous ont déterminé à jetter les regards les plus attentifs sur une autre sorte de biens fonds, également incultes, et beaucoup plus nombreux; les pâtis communs accordés aux habitans par les rois nos prédécesseurs, ou par les seigneurs particuliers, devenus arides par l'inculture et une dévastation perpétuelle, nous ont paru dignes de nos soins, par la possibilité

(1) Nous publions cet édit d'après un document original de la bibliothèque municipale de Nancy. (Favier, *Catalogue du fonds Lorrain*, n° 6381, 13ᵉ carton, pièce 25). — Cet édit a été publié sans le préambule par Dalloz (année 1864, 3ᵉ partie, page 30, note 1.) On trouvera encore cet édit incomplètement publié par Le Gentil, *Traité de la législation des portions communales ou ménagères*, 1854, p. 258 et Ernest Passez, *Les portions ménagères et communales*, 1888, p. 19. (Extrait de la *Revue générale d'administration*.)

d'en tirer pour nos peuples les plus puissans secours; nous nous occupions des moyens de leur en procurer tous les avantages que les donateurs leur avoient destinés, lorsqu'un grand nombre de communautés sont venues nous demander la permission de les partager entre tous les habitans. Touché de leur empressement, nous avons cru devoir, en faisant homologuer leurs délibérations par des arrêts de notre conseil, les autoriser à un partage qui ne pourroit produire que les plus grands biens; et pour les y encourager d'autant plus, nous avons étendu sur toutes les communes qui seroient partagées, les exemptions d'impositions royales et de dixmes, ainsi qu'elles sont énoncées en notre déclaration du 13 août 1766. Déjà nous pensions à étendre cette faculté dans notre province des Trois-Évêchés, où nous venions d'abolir le droit de parcours de village à village, lorsque notre parlement de Metz nous a fait proposer de permettre, par une loi générale, le partage des communes de son ressort. Nous n'avons pu voir qu'avec satisfaction son zèle pour le bien public, et son empressement à concourir à nos vues, même à les prévenir, et à nous indiquer ce qu'il croit utile à nos sujets dans la province que nous avons confiée à ses soins; nous avons même cru devoir nous reposer sur ses lumières, du soin d'homologuer les délibérations des communautés, après qu'elles auront été visées en la manière ordinaire par le sieur intendant et commissaire départi; et nous avons été aussi sensible à son désintéressement, que content des moyens qu'il nous a présentés, et qui se sont trouvés analogues au plan général que nous nous étions proposé. A ces causes, et autres considérations à ce nous mouvant, de l'avis de notre conseil et de notre certaine science, pleine puissance et autorité royale, nous avons par ce présent édit *perpétuel et irrévocable*, dit, déclaré, statué et ordonné, disons, déclarons, statuons et ordonnons, voulons et nous plait ce qui suit.

Article premier.

Nous permettons à toutes les communautés qui le désireront, de partager entre tous les ménages existans, sans distinction des veuves, et par portions égales (la part du seigneur prélevée) la totalité, où seulement partie des terres, prés, marais, landes ou friches leur appartenant en commun, comme et ainsi qu'il sera ci-après expliqué; à l'effet de quoi nous avons dérogé et dérogeons par ces présentes à toutes les loix et usages, arrêts et règlemens à ce contraires.

Art. II.

Les délibérations des communautés seront arrêtées dans une assemblée convoquée dans la manière ordinaire, et rédigées et reçues par un notaire ou tabellion, pour la minute rester en son dépôt, et en être par lui délivré une expédition aux habitans; ces délibérations contiendront les oppositions qui auroient pu être formées par aucun desdits habitans, et les causes d'icelles. Les mêmes délibérations seront signées par les deux tiers au moins d'iceux, et visées par le sieur intendant et commissaire départi dans la province pour l'exécution de nos ordres; après quoi elles seront présentées à notre cour de Parlement de Metz, pour y être homologuées et régistrées sans frais.

Art. III.

Les parts seront indivisibles, inaliénables, et ne pourront être saisies par les créanciers des possesseurs, mais seulement les fruits, lesquels il sera loisible ausdits créanciers de se faire adjuger, sans néanmoins que la présente disposition puisse nuire, en quoique ce soit, aux droits des seigneurs, ou autres précédemment affectés sur lesdites communes, dans le cas que lesdits seigneurs n'auroient point opté de prendre leurs tiers en essence.

ART. IV.

Aucune personne non domiciliée dans le lieu ne pourra jouir d'une part, et aucun habitant ne pourra en posséder deux ; les parts qui deviendront surnuméraires, seront, à la diligence des maires et syndics, louées dans la manière ordinaire au profit de la communauté, pour trois ans seulement. Si dans l'intervalle aucuns des habitans non pourvus, veulent les réclamer selon leur ancienneté d'établissement, en ce cas, l'année courante restera au profit de ladite communauté, et les loyers des années suivantes leur seront remis par les fermiers, jusqu'à expiration des baux actuels, auquel temps lesdites parts leurs seront délivrées.

ART. V.

Toutes les parts seront héréditaires en ligne directe seulement, et celles qui tomberoient en ligne collatérale, ou deviendroient vacantes par autres moyens, passeront aux plus anciens mariés entre les habitans non pourvus. Les fruits de l'année appartiendront à la succession du défunt possesseur.

ART. VI.

La disposition testamentaire aura lieu sans préjudice de l'usufruit au profit de la veuve, en faveur d'un des enfans tenant ménage ; à son défaut, la part entière et sans division aucune, appartiendra à l'aîné desdits enfans établis.

ART. VII.

Voulons en outre que pour obvier à toutes les contestations que la variété des droits des seigneurs pourroit occasionner, que tous lesdits seigneurs, ou ceux qui justifieroient avoir la concession des droits utiles de la haute-justice, soient admis par proportion à prélever par la voye du sort, ou amiablement convenu, le tiers dans les communes dont le partage sera demandé; à la charge par ceux à qui il seroit dû spécialement pour raison desdites communes, aucuns cens, redevances, prestations, servitudes ou autres, d'en remettre la totalité ausdites communautés, lesquelles continueront d'acquitter tous les autres droits qui pourroient appartenir ausdits seigneurs pour raison des autres biens-fonds de leur seigneurie, le tout néanmoins sans entendre forcer lesdits seigneurs à l'abandon de leurs dits droits qu'ils pourront conserver, en renonçant au tiers desdites communes, dérogeant à cet égard à tous édits et déclarations à ce contraires.

Art. VIII.

Les communes partagées jouiront de toutes les exemptions portées aux articles V et VI de notre déclaration du 13 août 1766, en faveur de ceux qui défricheroient des terres incultes, comme et ainsi qu'elles sont énoncées ausdits articles.

Si donnons en mandement à nos amés et féaux conseillers les gens tenant notre cour de parlement, chambre des comptes et cour des aydes à Metz, que notre présent édit ils ayent à faire lire, publier et régistrer, et le contenu en icelui, garder, observer et exécuter selon la forme et teneur; car tel est notre plaisir. Et afin que ce soit chose ferme et stable à toujours, nous y avons fait mettre notre scel. Donné à Marly au mois de juin, l'an de grâce mil sept cent soixante-neuf, et de notre règne le cinquante-quatrième. Signé, Louis. *Et plus bas, par le Roi,* Le duc de Choiseul. *Visa,* de Maupeou, pour règlement à l'effet du partage des communes dans les Trois-Évêchés, *Signé :*

Le duc de Choiseul. Et scellé du grand sceau de cire verte, pendant avec lacs de soie rouge et verte.

Lû, publié et régistré, ouï et ce réquérant le Procureur général du roi, pour être exécuté selon la forme et teneur, suivant l'arrêt de vérification du 3 du présent mois, ordonne que copies collationnées en seront incessamment envoyées dans tous les bailliages et autres sièges ressortissant nuement à la Cour, pour y être pareillement lu, publié, régistré et exécuté : Sur les lieux enjoint aux substituts de tenir la main à son exécution, et d'en certifier la Cour au mois.

Fait en Parlement, audience publique tenant, le jeudi sixième juillet mil sept cent soixante-neuf.

Signé : BROUET.

Arrêt du Conseil du 9 mai 1773 (*Auch et Pau*) (1).

Le Roi étant informé, qu'une partie des communaux situés dans les généralités d'Auches, de Pau, est possédée indivisement par les habitants de différentes communautés, vallées, parsans et districts, que l'administration et la jouissance commune de ces tenanciers indivis est contraire à l'intérêt des copossesseurs et aux progrès de l'agriculture, qu'elle est la source de contestations fréquentes et ruineuses pour les communautés et qu'enfin elle apporte un obstacle à l'exécution des arrêts du conseil de Sa Majesté du 5 mai, 10 juillet 1750 et du 28 octobre 1771 qui ont permis aux communautés de vendre et partager leurs communaux; Sa Majesté voulant donner des nouvelles preuves de sa protection bienfaisante aux communautés des généralités d'Auche, de Pau, et faciliter ces moyens d'accroître l'agriculture et les richesses territoriales dans ces provinces, elle a cru devoir remédier aux abus et faire cesser les inconvéniens qui résultent de cette jouissance indivise; à quoi voulant pourvoir, ouï le rapport du s. abbé Terray conseiller ordinaire et au conseil Roïal, controlleur général des finances.

Sa Majesté étant en son conseil a ordonné et ordonne ce qui suit :

ARTICLE PREMIER.

Dans chacun des païs, vallées ou districts des généralités d'Auch et de Pau où les communaux sont possédés

(1) *Archives Nationales* (E, 2492, fol. 51). Communication de M. Le Grand, archiviste aux Archives nationales.

par indivis par les habitants de plusieurs communautés, parsans ou quartiers, il sera procédé incessamment au partage de ces communaux entre les dites communautés, parsans ou quartiers, proportionement au nombre des chefs de famille ou ménages qui habitent dans chacune de ces communautés, parsans ou quartiers.

ART. II.

Il sera à cet effet nommé par chacun desdites communautés, parsans ou quartiers, des députés qui procéderont de gré à gré dans la proportion indiquée par l'article précédent au partage des dits communaux indivis : ils dresseront un procès-verbal de leur opération et une copie de l'acte de partage sera remise à chascune des communautés parsans ou districts intéressés pour être déposée parmi les archives desdites communautés et parsans.

ART. III.

En cas de diversité d'opinions entre lesdits députés sur la fixation des portions qui reviendront à chacune des communautés, parsans ou quartiers, le possédant d'après leur qualité ou quotité, il sera procédé audit partage par des experts et arpenteurs nommés d'office par les sous-intendants des généralités d'Auches, de Pau, en présence desdits députés ou eux duëment appelés, il sera pareillement dressé par lesdits experts et députés des procès verbaux desdits partages lesquels seront remis aux dits sous-intendants pour y estre par eux statué ainsi qu'il appartiendra, sauf l'appel au conseil, et ensuite rendu aux communautés intéressées à l'effet d'en être délivré des expéditions en bonne forme qui seront déposez ainsi qu'il est ordonné ci-dessus.

Art. IV.

Ces différents procès-verbaux contiendront l'état exact des charges affectées sur les communeaux à partager : veut Sa Majesté que les charges soient reparties par les députés ou experts sur les différents parsans, quartiers ou communautés qui participeront au partage proportionement à la quantité et quotité des terreins à partager afin que ces charges soient acquittées à l'avenir par ces seules communautés, quartiers et parsans qui posséderont [les] terreins partagés à proportion de ce que chacun aura eû par ce partage.

Art. V.

Les portions de communaux vendues précédemment à prix d'argent dont le prix n'a pas encore été acquitté : celles qui ont été aliénées à titre d'arrentement perpétuel, seront distraites de celles dont les communautés, parsans ou districts jouissent maintenant indivisement et ce partage en sera fait séparément dans la même proportion et dans la même forme prescrite cy dessus, de façon que chaque communauté, parsan ou quartier en ait une portion proportionnée au nombre de ses familles et ménages.

Art. VI.

Chaque communauté, parsan ou quartier, jouira privativement à l'avenir de la part qui lui sera eschue dans ces communaux : chacune touchera les deniers et redevances provenantes des portions accensées ou aliénées et dont le prix n'est point paié qui ce trouveront dans son lot et chacune acquittera la portion et les charges, fait défense en conséquence, Sa Majesté, aux officiers municipaux des chefs-lieux et à tous autres, préposez à l'administration des païs, vallées ou districts de percevoir ou faire percevoir à l'avenir les deniers provenants des portions de communaux vendües ou aliénées qui seront eschues en partage à d'autres communautés, parsans ou quartiers que les leurs et de troubler leur jouissance sous prétexte du paiement des charges qui auparavant étoient communes entre elles.

ART. VII.

Tous droits de parcours ou de vaine pâture réciproque des communautés, quartiers ou parsans sur les communaux partagés, seront et demeureront abolis après les dits partages, conformément aux édits des mois de décembre mil sept cent soixante-sept et de février mil sept cent soixante-dix.

ART. VIII.

Tous trésoriers et autres administrateurs qui ont perçu ces deniers provenants des rentes et des redevances des communaux indivis pendant les dix dernières années seront tenus de rendre compte de l'emploi d'iceux devant ces sieurs intendants et commissaires départis dans les généralités d'Auch et de Pau; à quoi faire les dits trésoriers et administrateurs seront contraints par toutes voies dües et raisonnables.

ART. IX.

Enjoint Sa Majesté auxdits sieurs intendants de tenir la main à l'exécution du présent arrêt qui sera publié, imprimé et affiché partout ou besoin sera, attribuant Sa Majesté en tant que de besoin, à l'effet de toutes les dispositions contenues en icelui et de toutes les contestations qui pourroient naître à ce sujet, auxdits sieurs intendants toute jurisdiction et connoissance sauf l'appel au conseil, icelle interdisant à toutes ses cours et autres juges.

TERRAY.
DE MAUPEOU.

Édit de janvier 1774 *sur le partage des communaux en Bourgogne* (1).

Article 1er. — Nous permettons à toutes les communautés de notre province de Bourgogne, comté de Mâconnais, Auxerrois et Bar-sur-Seine, et des pays du Bugey et Gex, qui le désireront, de partager entre tous les feux ou ménages existants, sans distinction des veuves, filles et garçons, tenant ménage séparé et contribuant aux impositions, la part du seigneur prélevée, lorsqu'il y aura lieu, la totalité ou seulement partie des terres, prés, marais, landes en friches, leur appartenant, en commun, en ce non compris les bois, ainsi et de la manière qui sera expliquée ci-après; à l'effet de quoi nous avons dérogé et dérogeons par le présent édit à toutes les lois, usages, arrêts et règlements à ce contraire.

Art. 2. — Les délibérations des communautés seront prises dans une assemblée générale, convoquée en la manière accoutumée, et reçues et rédigées par un notaire royal pour la minute rester en son dépôt et en être par lui délivré une expédition aux habitants. Les dites délibérations contiendront les oppositions qui pourront être formées au partage, soit par un, soit par plusieurs habitants et les causes d'icelles; les mêmes délibérations seront signées au moins par les deux tiers des habitants, le sachant faire, et qui auront délibéré; ensuite, elle seront visées par le sieur intendant et commissaire départi dans la province pour l'exécution de

(1) Cf. Le Gentil, *op. cit.*, p. 266 (où l'on trouvera publiée une pièce qui forme le préambule de cet édit.). — Ernest Passez, *op. cit.*, p. 21. — Cet édit a été reproduit par Merlin, *Répertoire*, V° Marais.

nos ordres, après quoi elles seront présentées à notre cour de Parlement de Paris et à celle de Dijon, ou aux Conseils supérieurs, dans le ressort desquels sont situées les communautés qui auront formé lesdites délibérations pour y être homologuées et registrées sans frais.

Art. 3. — Les parts qui arriveront à chaque particulier habitant seront *indivisibles, inaliénables*, et ne pourront être saisies par les créanciers des possesseurs, à l'exception des fruits, lesquels il sera loisible auxdits créanciers de se faire adjuger, sans néanmoins que la disposition du présent article puisse nuire en aucune manière aux droits des seigneurs ou de tous autres particuliers ayant antérieurement des droits réels et fonciers bien établis sur les terres communes qui seront mises en partage.

Art. 4. — Aucun particulier, non domicilié dans le lieu, ne pourra jouir d'une part et aucun habitant ne pourra en posséder plus d'une; les parts surnuméraires ou celles qui deviendront vacantes seront à la diligence des maires, échevins ou syndics des communautés, affermées à prix d'argent, au profit de la communauté, pour trois ans seulement. Pendant ledit intervalle, tout habitant non pourvu pourra les réclamer suivant l'ordre d'ancienneté de son établissement, auquel cas le prix du bail de l'année courante appartiendra à la communauté et celui des années restantes à expirer sera remis par le fermier aux habitants devenus possesseurs, lesquels ne pourront résoudre et faire cesser les baux passés par la communauté.

Art. 5. — Toutes les parts seront héréditaires en ligne directe seulement et celles qui tomberont en ligne collatérale, ou qui deviendront vacantes, de quelque manière que ce soit, seront adjugées par la communauté aux plus anciennement mariés d'entre les habitants non pourvus, et les fruits de l'année appartiendront à la succession du dernier possesseur.

Art. 6. — La disposition testamentaire aura lieu, sans préjudice de l'usufruit de la veuve, en faveur d'un des enfants tenant ménage dans la communauté, et, à défaut de disposition testamentaire au profit de l'un des enfants, la part entière et sans division appartiendra à l'aîné des enfants établis.

Art. 7. — Pour obvier à toutes les contestations que la variété des droits des seigneurs hauts justiciers pourrait occasionner, voulons que tous lesdits seigneurs ou ceux qui justifieraient avoir la concession des droits utiles attachés à la haute justice, soient admis, dans le cas où le triage peut avoir lieu, à prélever par proportion, par la voie du sort ou amiablement et de gré à gré, le *tiers* dans les communaux dont le partage aura été demandé et résolu par les communautés, sans qu'après ledit prélèvement les seigneurs puissent exiger aucun cens, redevance, prestation, droit ni servitude de quelque nature que ce soit, autre que la justice, sur les deux tiers restés et mis en partage dans la communauté, sans néanmoins que les seigneurs puissent être forcés à se contenter du tiers des communaux mis en partage, et de renoncer aux droits et redevances qui peuvent leur appartenir sur lesdits fonds et biens communaux.

Art. 8. — Les communes ainsi partagées, même la portion du seigneur, jouiront de tous les privilèges et exemptions portés aux articles 5 et 6 de notre déclaration du 13 août 1766 en faveur de ceux qui défricheront des terres incultes.

Art. 9. — En ce qui concerne le Bugey, tous domiciliés et habitants des communautés, même ceux qui ne paieront que la capitation, participeront au partage des terres communales; entendons au surplus réserver audit pays tous droits et privilèges que les lois municipales pourraient avoir établis concernant le triage des terres.

Art. 10. — Voulons que toutes les contestations qui pourront naître et s'élever à l'occasion ou en exécution du partage des terres communales, soient portées en première instance par devant le juge exerçant la haute justice, et ne puissent être jugées qu'après communication et sur les conclusions du procureur fiscal.

Arrêt du 15 *avril* 1774 (*Alsace*) (1).

Le Roi s'est fait représenter en son conseil l'arrêt rendu en icelui le 6 décembre 1755 par lequel Sa Majesté a : 1° ordonné qu'il serait incessamment travaillé sous les ordres et l'autorité de l'intendant d'Alsace au nettoyement et élargissement des rivières d'Ergers et d'Andlau et ensuite aux ouvrages nécessaires pour le desséchement total des marais de Blaisheim et de Krautergersheim; 2° autorisé ledit s. intendant à faire toutes les autres dispositions nécessaires pour assurer à l'avenir l'entretien des canaux nécessaires aud. desséchement, pour lesdits marais desséchés, être entretenus ou en pâture ou en prairies ainsi que les communautés propriétaires du terrein le jugeroient à propos sans que pour quelque cause que ce soit, elles puissent être dépouillées d'aucune portion desdites terres; 3° enjoint audit s. intendant de faire travailler successivement dans toutes les parties de la province qui peuvent l'exiger aux opérations nécessaires pour le desséchement des marais ainsi que pour mettre en valeur les terres incultes qui pourroient estre susceptibles de quelque exploitation après toutefois qu'il auroit rendu compte de chaque objet particulier de travail et qu'il auroit reçu les ordres de Sa Majesté sur chaque partie. Sa Majesté est instruite par le compte qui lui a été rendu de l'exécution qu'a eue jusqu'à présent ledit arrêt, que les cantons qui ont déjà été desséchés ainsi que ceux qui restent à dessécher sont indivis entre plusieurs communautés,

(1) *Archives nationales* (E. 2508), communication de M. Le Grand, archiviste.

qu'il en est de même d'autres terreins considérables qui ne sont point dans le cas du desséchement, lesquels restent incultes et ne sont d'aucun avantage à plusieurs des communautés qui en sont propriétaires par indivis attendu qu'elles se trouvent trop éloignées de ces terreins ce qui les empêche d'en jouir : que cette indivision a toujours été cause que ces terreins sont demeurés incultes et qu'il est indispensable de remédier à cet inconvénient par un partage qui assigne à chaque communauté la portion qu'elle est fondée à prétendre dans lesdits terreins, que si ce partage n'a pas eu lieu jusqu'à présent, c'est par le refus qu'ont fait de s'y prêter les communautés qui se trouvant à portée des dits communaux en jouissent seules, tandis que les plus éloignées n'en retirent aucun profit et encore par l'impuissance où se trouvent celles-ci de le poursuivre par devant les juges ordinaires, vu les frais considérables qui ne pourroient pas manquer d'en résulter. Sa Majesté est encore informée qu'il y a en Alsace plusieurs communautés, qui, dès à présent possèdent beaucoup plus de pâturages qu'elles n'en ont besoin proportionnellement au nombre de bestiaux qu'elles entretiennent et qu'ainsi les portions qui leur écheoiroient dans les terreins qui se trouvent sujets à partage leur seroient entièrement inutiles, ce qui occasionneroit une perte considérable à quoi il serait aisé de remédier si on déterminoit dans chaque communauté la quantité d'arpens de pâturage qui peut lui être nécessaire relativement au bétail qu'elle pourroit entretenir et qu'on l'obligeât ensuite à cultiver le surplus ou à l'affermer à son profit. Et Sa Majesté désirant faire connoître ses intentions sur ces divers objets qui intéressent trop le bien public pour ne pas mériter toute son attention. Ouï le rapport.

Sa Majesté étant en son conseil a ordonné et ordonne, que l'arrêt rendu en icelui ce six décembre mil sept cent cinquante-cinq, continuera à être exécuté selon sa forme et teneur, que tous ceux qui se prétendent propriétaires des marais et terreins dont le dessèchement a été ordonné par ledit arrêt seront tenus de représenter pardevant le s. intendant et commissaire départi en la dite province d'Alsace et ce dans le délai qu'il leur prescrira, les titres sur lesquels ils fondent leur propriété; et qu'ensuite il sera procédé par experts dont ces parties conviendront pardevant le d. s. intendant et commissaire départi, sinon qui seront par lui pris et nommés d'office à la division et au partage desdits marais et terreins entre lesdits propriétaires relativement à la portion qui devra appartenir à chacun suivant ses titres ou sa possession. Veut sa Majesté, que si le partage n'a lieu qu'entre communautés qui ne seroient fondées à y prétendre qu'en vertu de leur possession, il soit fait proportionnellement au nombre de feux de chaque communauté et que la division du terrein soit assurée par des fossés de cinq pieds de largeur et de quatre pieds de profondeur qui seront ouverts par les communautés propriétaires et dont les terres seront jettées également des deux côtés et qu'elle ait lieu de façon que chaque communauté soit rapprochée le plus qu'il sera possible de la portion qui lui sera assignée. N'entend au surplus Sa Majesté que le partage ordonné par ce présent arrêt puisse priver les seigneurs des portions qui pourroient leur appartenir dans lesdits terreins sur lesquelles portions elle leur a réservé et réserve tous leurs droictz. Ordonne Sa Majesté que chaque communauté, dans le délai qui lui sera prescrit, sera tenue de remettre audit s. intendant un état exact de la quantité d'arpens des pâturages dont elle jouit, soit en plaine ou dans ses forêts, ainsi que du nombre des bestiaux qu'elle entretient annuellement ou qu'elle est dans le cas d'entretenir eu égard au nombre de ses habitans, pour sur le vu du dit état être par led. s. intendant et commissaire départi assigné à chaque communauté la quantité d'arpens qui lui sera nécessaire pour le pâturage de ses bestiaux et le surplus réservé pour être cultivé en nature de prés ou de la manière qui sera jugée la plus avantageuse pour le profit de chaque communauté : à l'effet de quoi, seront les parties réservées distribuées entre les habitans des dites communautés ou affermées à leur profit au plus offrant et dernier enchérisseur desdits habitans, suivant qu'il paroîtra plus convenable audit s. intendant et commissaire départi; veut Sa Majesté qu'en tout temps le pâturage soit interdit sur les parties qui auront été réservées pour être cultivées et à l'égard des communautés qui se trouvent manquer de pâturage ou n'en point avoir en quantité suffisante pour la nourriture des bestiaux qu'elles sont dans le cas d'entretenir pour la culture de leurs terres : Sa Majesté autorise chaque habitant desdites communautés à former des prairies artificielles pour suppléer audit défaut de pâturages à raison d'un arpent par chaque pièce de bétail qu'il entretiendra pour la culture de ses terres, sans néanmoins qu'il puisse empêcher le passage aux propriétaires voisins; veut et ordonne Sa Majesté à cet effet, que le pâturage soit interdit sur les terres qui seront cultivées en nature de prairies artificielles tant et si longtemps que ladite culture aura lieu et ce, sous telles peines qu'il appartiendra; ordonne en outre Sa Majesté, que toutes les contestations qui pourront naître sur l'exécution du présent arrêt seront jugées et décidées par ledit s. intendant et commissaire départi sauf l'appel au conseil : à l'effet de quoi Sa Majesté lui attribue toute cour, juridiction et connoissance et l'interdit à toutes ses autres cours et juges; lui enjoint au surplus de tenir la main à l'exécution du présent arrêt lequel sera exécuté nonobstant toutes oppositions quelconques.

De Maupeou.

Fait à Versailles, le 15 avril 1774.

Lettres patentes du 27 mars 1777 réglant la distribution et la jouissance des portions ménagères dans les châtellenies de Lille, Douai et Orchies (1).

Sur la requête présentée au roi, en son Conseil, par les grands baillis des quatre seigneurs hauts justiciers, représentant les États de la Flandre wallonne, contenant que plus le gouvernement fixe son attention sur l'objet essentiel des défrichements et de la culture des terres, plus il semble que les particuliers habitants de la Flandre wallonne affectent de laisser en friche ou même de dégrader par le tourbage cette portion précieuse de marais, possédée par un grand nombre de communautés, faisant partie des trois châtellenies de Lille, Douai et Orchies. Le tourbage est sans doute une ressource pour cette province où il y a peu de bois, mais, outre que plusieurs de ces marais pourroient être employés à des plantations ou à quelque autre culture productive et devenir, par là, infiniment plus utiles qu'ils ne peuvent l'être dans leur destination actuelle, c'est que, d'ailleurs, le plus grand nombre des habitants de toutes ces paroisses bornent leurs travaux à la seule occupation momentanée du tourbage, dégradent toutes les terres, en épuisent ou en enlèvent même la substance, et se refusent à tout autre travail qui exigerait de leur part une activité continuelle. Il est toutefois évident que la culture offre le plus grand avantage que les communautés puissent retirer du sol des marais et communes, soit pour payer leurs dettes, soit pour fournir à leur charges annuelles, soit pour se procurer à chacun

(1) Pierre Legrand, *Législation des portions ménagères*, Lille, 1850, p. 261. — Le Gentil, *op. cit.*, p. 274. — Ernest Passez, *op. cit.*, p. 24. — Archives nationales, H. 704; (n°s 173 à 181).

en particulier des travaux, des exploitations et des récoltes qui leur assureroient une aisance dont elles ne jouissent pas. On remarque en effet que les communautés qui ont le plus de marais sont précisément celles qui rassemblent le plus grand nombre de pauvres. Plusieurs de ces communautés, telles que Gondecourt, Willems, Annapes, Asq et Forêt, ont reconnu ces abus, et se sont conciliées d'elles-mêmes pour faire entre elles le partage de leurs marais, afin que chacun des membres pût y trouver un avantage particulier, indépendamment du bien général, et Sa Majesté les y a autorisées par arrêts des 15 juin et 10 septembre 1774. Mais comme dans le plus grand nombre des autres, il s'en trouveroit très peu qui se portassent d'elles-mêmes à agir aussi sagement, les suppliants qui sont chargés par état de veiller et travailler au plus grand bien de la province, et qui sont intimement convaincus du bien général qui en résulteroit pour elles, pour tous ceux qui l'habitent et pour l'État en général, se portent aujourd'hui à supplier Votre Majesté de vouloir bien user de son autorité souveraine pour obliger toutes ces communautés à faire, chacune entre elles, le partage de leurs marais enfin que chaque habitant puisse défricher et faire valoir, comme sa propre chose, la portion qui lui sera échue en partage, prélèvement fait néanmoins du tiers qui pourroit appartenir au seigneur dans chaque paroisse, des portions pour lesquelles d'autres auroient des titres et de ce qui devroit rester en commun pour le pâturage ou être soit loué à temps, soit aliéné à longues années, pour le profit général de la communauté; ce sont les seules vues du bien public qui excitent le zèle et la démarche des suppliants. Requéroient à ces causes les suppliants qu'il plût à Sa Majesté ordonner (*le reste de la requête omis comme faisant double emploi avec le dispositif qui le reproduit textuellement*).

Vu ladite requête, ensemble l'avis du sieur intendant

et commissaire départi en la généralité de Lille; ouï le rapport, le roi, étant en son Conseil, a ordonné et ordonne ce qui suit :

ART. 1er. — Toutes les terres, prés, marais, landes ou friches appartenant aux communautés d'habitants des châtellenies de Lille, Douai et Orchies, soit à plusieurs d'entre elles en commun, soit à chacune d'elles, *seront partagés entre tous les ménages existant par feux, sans distinction d'état, c'est-à-dire de mariage, de viduité et de célibat, et par portions égales*, prélèvement fait néanmoins du tiers de la totalité desdits prés, marais et pâturages, qui devra appartenir aux seigneurs, soit que la concession de l'usage en ait été faite gratuitement ou à titre onéreux, à moins que les habitants desdites communautés ne justifient par titre, par-devant les juges qui en doivent connaître, de l'acquisition de la propriété qu'ils en ont faite, ou qu'ils les tiennent d'autres seigneurs; comme aussi prélèvement fait dans lesdits prés, marais et pâturages restant aux habitants, des portions qu'il sera nécessaire de donner à bail, même d'aliéner pour un certain temps, à l'effet de payer les dettes de celles desdites communautés qui s'en trouveront chargées.

ART. 2. — Les seigneurs ne seront admis à prélever le tiers avant le partage qu'à la charge par eux de renoncer aux cens, redevances, droits de plantations et tous autres qui pourraient être dûs pour raison de la concession desdits marais; le tout néanmoins sans que lesdits seigneurs puissent être forcés à l'abandon desdits droits, qu'ils pourront conserver en renonçant au triage, dérogeant sur ce point à toutes lois à ce contraire.

ART. 3. — Avant de procéder au partage desdits marais, toutes les communautés qui justifieront y avoir droit, soit comme propriétaires, soit comme usagères, ou à tous autres titres reconnus à l'amiable comme suffisants par les communautés co-partageantes, ou jugés pour tels en cas de difficultés par les juges ordinaires, seront tenues de fournir au sieur intendant commissaire départi en Flandre et Artois, ou à son subdélégué du département, un état, arrêté dans une assemblée générale, des dettes de chacune desdites communautés, ainsi que de leurs charges ordinaires à l'effet de prélever sur lesdits marais, en raison de leurs droits respectifs, la quantité qu'il sera nécessaire d'affermer ou même d'aliéner à temps, tels que de 25, 35 ou 45 ans, pour du produit d'iceux payer lesdites dettes et subvenir auxdites charges. Ordonne Sa Majesté, au surplus, que les marais dont la propriété fera l'objet d'un litige seront et demeureront au même état jusqu'au jugement définitif de chaque contestation; faisant très expresses inhibitions et défenses aux habitants d'entreprendre sur lesdits marais, avant l'opération du partage, aucun défrichement ni tourbage, à peine de cinq cents livres d'amende pour chaque contravention, laquelle sera payée, suivant l'usage, par les principaux occupeurs, sauf leur recours tel que de raison; à moins que, sur la dénonciation des coupables, le commissaire départi ne puisse les condamner personnellement au paiement de ladite amende.

Art. 4. — Pareillement, avant de procéder au partage, ordonne Sa Majesté que par tels arpenteurs royaux qui seront nommés par les communautés, ou, à leur défaut, par le sieur intendant, il sera fait mesurage particulier de chacun desdits marais, en présence des gens de lois de chaque paroisse, ou eux dûment appelés, même dresser plans figuratifs d'iceux, aux frais de chacune desdites communautés, dans lesquels plans et procès-verbaux d'arpentage seront désignées la nature et la qualité, en même temps que la quotité ou étendue desdits marais.

Art. 5. — Lors du mesurage, chaque marais sera divisé en trois portions égales, dont l'une sera tirée au sort par le seigneur dûment appelé à cet effet, ou en son absence par telle autre personne qu'il aura nommée pour le représenter, laquelle portion appartiendra au seigneur pour son droit de triage s'il y a lieu, et les deux autres resteront à la communauté pour être partagés entre les habitants, après néanmoins les autres prélèvements ci-dessus indiqués.

Veut Sa Majesté que lesdits défrichements et partages soient faits et parachevés en dedans de l'année de l'enregistrement et publication du présent arrêt, et, à faute d'y avoir satisfait par quelques-unes desdites communautés, qu'il y soit procédé par le commissaire départi dans la province.

Art. 6. — Il sera fait dans chaque communauté un rôle de tous les ménages aux feux d'icelles, dans lequel seront compris tous ceux qui y demeureront actuellement, soit gens mariés, veufs ou veuves, garçons ou filles ayant ménage ou feu particulier; le rôle sera arrêté et signé par les gens de loi, visé par le sieur intendant ou son subdélégué et remis à l'arpenteur afin que dans son procès-verbal de mesurage il forme autant de parts ou portions qu'il y aura de feux ou ménages dans la communauté; bien entendu que pour former chaque portion il se conformera à la nature du terrain, en sorte que le produit puisse en être à peu près égal, ce qui sera fait en présence des gens de loi et de quatre des principaux habitants ou eux dûment appelés; après quoi toutes ces portions qui auront été numérotées dans son procès-verbal et même dans son plan, seront tirées au sort dans une assemblée générale, par chaque ménage, pour en jouir jusqu'au décès du dernier survivant, du mari et de la femme, sans qu'aucun feu ou ménage puisse jouir de deux portions.

Art. 7. — Personne ne pouvant jouir de deux portions à la fois, si deux portionnaires viennent à se marier ensemble, ils seront tenus d'en abandonner une à leur choix.

Art. 8. — Comme ces portions de marais sont singulièrement affectées aux feux ou ménages de chaque paroisse pour les aider et soutenir, dès que le dernier survivant du mari ou de la femme sera décédé, ces portions passeront à d'autres ménages qui n'en auront pas encore été pourvus, toujours dans l'ordre de l'ancienneté; bien entendu que, s'il en survenait de surnuméraires, elles seraient louées au profit de la communauté jusqu'à ce qu'il s'y trouvât des ménages pour les réclamer.

Art. 9. — Si le nombre des feux augmente, les feux ou ménages surnuméraires, pour parvenir à une portion, devront attendre qu'il y en ait une vacante et n'en seront pourvus que par rang d'ancienneté d'établissement en ménage particulier; si, au contraire, le nombre des feux vient à diminuer, les portions surnuméraires seront louées au profit de la communauté, mais pour trois ans seulement, afin que les nouveaux feux, qui pourront s'établir, ne soient pas dans le cas d'attendre plus longtemps pour être portionnés comme les autres.

Art. 10. — Pour succéder à l'avenir aux portions ménagères qui viendront à vaquer dans chaque communauté, il faudra être natif de la dite communauté, ou avoir épousé une fille ou veuve qui en soit native, et y demeurer avec elle.

Art. 11. — Pour prévenir les difficultés qui pourraient survenir entre les prédécesseurs et leurs héritiers, d'une part, et les successeurs en occupation des portions ménagères, d'autre part, ceux-ci, en succédant à ceux-là, devront leur faire raison au dire d'expert, règle de fermier, de ce dont la terre se trouvera avêtie, ainsi que des fers, semences, graisses et amendices, et, s'il y échet, des sèves et rejets.

ART. 12. — Chaque ménager ou portionnaire sera tenu de mettre en valeur sa portion, de la manière la plus convenable à son terrain, dès la première année que le délaissement lui en aura été fait; et au cas qu'il ait laissé passer trois années sans l'avoir mise en culture, ou même sans l'y avoir entretenue, quoiqu'il en ait payé le cens, il en demeurera privé de plein droit, et ladite portion sera assignée à un autre ménage qui n'en aurait pas, ou affermée au profit de la communauté.

ART. 13. — Défend Sa Majesté à toutes personnes, sous peine de trois cents livres d'amende qui sera encourue par la notification à chaque communauté du présent arrêt, d'extraire dorénavant des marais aucune espèce de chauffage, soit tourbes, hots, molingues ou palées, soit plaquettes ou gazons; et afin d'y suppléer pour l'avenir, enjoint Sa Majesté à chaque particulier de planter en bois les lisières de leurs portions, autant que faire se pourra, et à chaque communauté de planter pareillement en bois les portions qui leur resteront en commun, et qui pourront en être susceptibles.

ART. 14. — Et afin que chaque communauté trouve d'ailleurs dans ses marais, quoique ainsi partagés, une ressource pour ses charges communes, ordinaires et extraordinaires, chaque portionnaire sans exception, sera tenu de payer par forme de rente foncière ou de cens, franc et net argent, à la communauté, à raison d'un demi-havot de blé-froment au cent de terre par an, sur le pied de la prisée Saint-Rémy de l'espier de Lille, de

Douai et d'Orchies, selon la situation des terrains dans chacune desdites châtellenies, et faute de paiement d'une année de ladite redevance ledit cens sera pris sur les fruits de l'année suivante, qui seront enlevés à cet effet, sans aucune sommation ni formalité de justice.

Art. 15. — Si lors de l'arpentage il se trouvait dans ces marais des cantons qui ne fussent pas susceptibles d'être aisément partagés ou mis en culture, soit à cause des eaux qui les couvrent, soit par leur stérilité naturelle, ils seraient laissés en commun et en pâtis, ou bien convertis en étangs ou plantés en bois ou autrement, au profit de la communauté, ainsi que du seigneur pour son tiers, s'il n'y a point été pourvu d'ailleurs.

Art. 16. — La faculté de planter le long et sur les bords des fossés, que chaque communauté aura fait faire, n'appartiendra qu'à elle seule; et en conséquence elle jouira privativement des sèves et rejets des arbres qu'elle pourra faire abattre quand il lui plaira et remplacer par d'autres, sans dédommagement auxdits occupeurs ou possesseurs.

Art. 17. — Les chemins et les fossés que chaque communauté a fait faire et ceux qu'elle pourrait trouver à propos de faire, soit pour la facilité des communications, soit pour l'écoulement des eaux, seront entretenus par les riverains occupeurs, tant à titre de portions ménagères qu'en bail, lesquels seront tenus d'entretenir les uns et les autres en largeur, bourbage, rigolement, pente, talus et profondeur, en si bon état que les premiers soient praticables en tout temps, et que les secondes ne retardent ni n'interrompent en aucun temps l'écoulement des eaux.

Art. 18. — Et pour indemniser ces habitants des

peines et frais de défrichement des portions assignées à chacun d'eux, et les encourager à les mettre et tenir dans la plus grande valeur possible, ordonne Sa Majesté qu'ils jouiront des exemptions portées par la déclaration du 13 août 1766 et les subséquentes, les dispensant à cet effet de toutes les formalités prescrites par lesdites déclarations.

Art. 19. — Ordonne au surplus Sa Majesté que le présent arrêt sera exécuté nonobstant toutes oppositions et empêchements quelconques, pour lesquels ne sera différé, et que ledit sieur intendant commissaire départi en Flandre et Artois tiendra la main à son exécution pour toutes les opérations ci-dessus qui seront faites en sa présence ou des subdélégués par lui dénommés à cet effet. Excepte toutefois Sa Majesté de ladite attribution du commissaire départi, toutes les questions de propriété qui seront envoyées devant les juges ordinaires pour y être par eux statué ainsi qu'il appartiendra. Ordonne Sa Majesté que toutes lettres patentes seront expédiées sur le présent arrêt. Fait en Conseil d'État du roi, Sa Majesté y étant, tenu à Versailles le 27 mars 1777.

Arrêt du Conseil réglementant le mode de transmission des parts de marais dans la Province d'Artois, du 25 *février* 1779 (1).

Sur ce qui aurait été représenté au roi, étant en son Conseil, par les États de la province d'Artois que, par différents arrêts, Sa Majesté avait permis à plusieurs communautés de ladite province, de défricher et de partager leurs communaux; que ces partages fondés sur l'humanité et l'utilité publique ne pouvaient produire que les meilleurs effets; d'un côté, ils assureront aux pauvres une subsistance, et de l'autre, ils parviendront à procurer un dessèchement général, bien nécessaire dans la province pour la salubrité de l'air; mais que pour en retirer tout le fruit, il était à propos de rendre inaliénables les parts qui écherront par le sort et d'empêcher qu'un même chef de famille ou ménage n'en puisse réunir plusieurs à la fois, au préjudice des autres; que cependant cet inconvénient arriverait si Sa Majesté laissait subsister la faculté, accordée par lesdits arrêts, de disposer de sa part par dons entre vifs ou testamentaires, en faveur de qui on jugerait à propos, habitant du lieu, parce qu'il pouvait se faire que, sans ces conditions, on fit des conventions, des traités et de véritables actes; qu'il était encore nécessaire de n'admettre pour recueillir les parts que les seuls héritiers en ligne directe, et, dans cette ligne, l'aîné des enfants, afin d'éviter la division des parts; et, dans le cas où il n'y aurait que des héritiers collatéraux, de faire re-

(1) Pierre Legrand, *op. cit.*, p. 271. — Le Gentil, *op. cit.*, p. 286. — Ernest Passez, *op. cit.*, p. 29. — *Achives nationales*, exemplaire imprimé (cote A D + 1040).

tourner les parts aux communautés pour y être assignées aux chefs de famille, et, parmi eux, aux plus anciennement domiciliés; et Sa Majesté, voulant sur ce pourvoir, ouï le rapport du sieur Moreau de Beaumont, conseiller d'État ordinaire et au conseil royal des finances, le roi étant en son conseil, réformant et interprétant, en tant que besoin serait, les arrêts rendus au profit des différentes communautés de l'Artois, concernant le partage de leurs marais communaux, a ordonné et ordonne :

Que les parts qui écherront ou qui sont échues à chaque habitant, par l'effet des partages, seront inaliénables; que nul habitant ne pourra en posséder deux, et que l'aîné mâle de chaque famille, et à défaut de mâles, l'aînée des femelles seront seuls admis à succéder auxdites parts; que, en cas de mariage entre deux portionnaires, ils seront tenus d'opter une des deux parts à eux appartenant, pour abdiquer l'autre.

Veut Sa Majesté que dans le cas où un chef de famille ne laisserait, en décédant, aucun héritier direct, la portion de marais dont il aura joui retourne à la communauté pour être assignée aux chefs de famille qui n'en posséderont aucune, et parmi eux au plus anciennement domicilié dans la communauté et que si le portionnaire a fait quelques impenses et améliorations extraordinaires sur sa portion, ses héritiers seront libres de les emporter sans dégrader, si mieux n'aime celui qui sera envoyé en possession de la portion leur en payer la valeur suivant l'estimation, comme si elles étaient séparées du fond.

Ordonne Sa Majesté que sur le présent arrêt toutes lettres nécessaires seront expédiées.

Fait au conseil d'État du roi, Sa Majesté y étant, tenu à Versailles le 25 février 1779.

III

DOCUMENTS STATISTIQUES. — CARTE GRAPHIQUE DES BIENS COMMUNAUX EN FRANCE (1).

A la fin de l'année 1877, les biens communaux se répartissent sur une superficie de 4.316.310 hectares.

Bois	2.058.707 hectares.
Terres productives, 1.620.503 hectares. / — improductives, 637.100 hectares.	2.257.603 hectares.
Total :	4.316.310 hectares.

La superficie des bois communaux de toute nature représente 4 % de la superficie totale du territoire, et 22 % de la superficie du sol forestier de la France.

Les bois communaux occupent environ la moitié du domaine communal tout entier (2.058.707 hectares sur un ensemble de 4.316.310 hectares).

Les départements où l'étendue des bois communaux est plus importante sont principalement :

Meurthe-et-Moselle	69.505 hectares.
Basses-Pyrénées	78.346 —
Hautes-Alpes	82.824 —
Jura	84.617 —
Savoie	85.292 —
Haute-Marne	88.537 —
Corse	94.777 —
Meuse	97.451 —
Doubs	97.777 —
Côte-d'Or	98.325 —

(1) Ces documents n'ont pas figuré dans le mémoire que nous avons présenté à la Société des Agriculteurs de France.

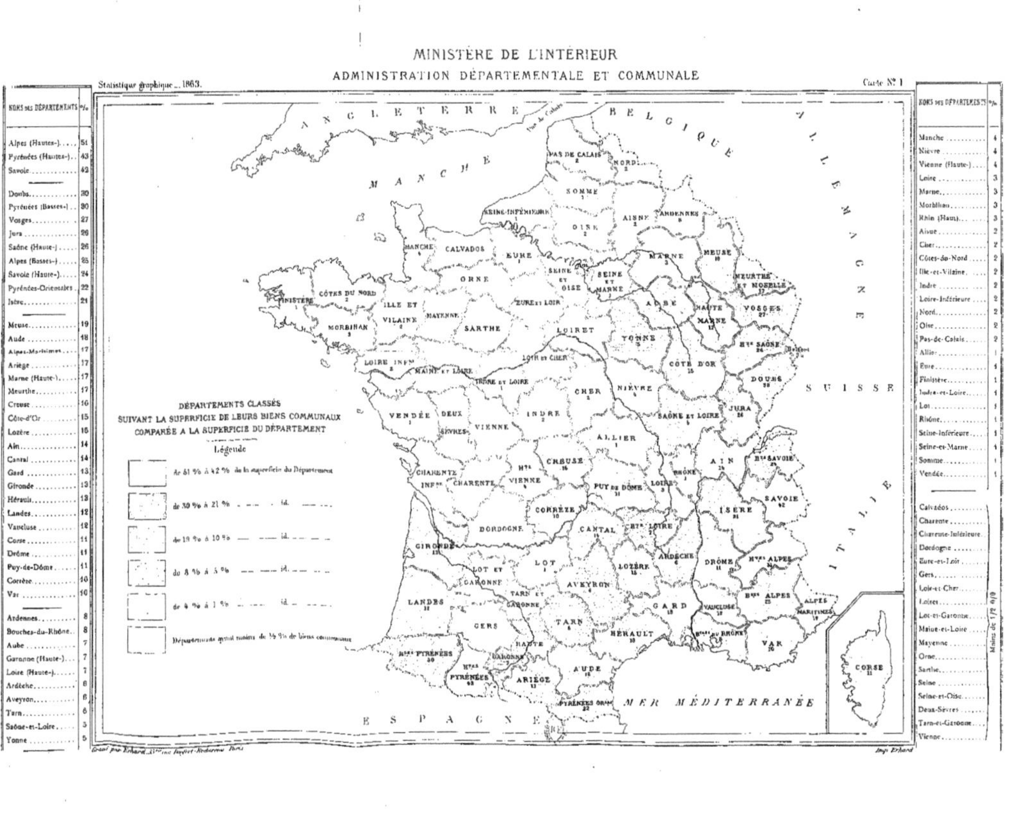

NOMS DES DÉPARTEMENTS	%
Alpes (Hautes-)	51
Pyrénées (Hautes-)	43
Savoie	42
Doubs	30
Pyrénées (Basses-)	30
Vosges	27
Jura	26
Saône (Haute-)	26
Alpes (Basses-)	25
Savoie (Haute-)	24
Pyrénées-Orientales	22
Isère	21
Meuse	19
Aude	18
Alpes-Maritimes	17
Ariège	17
Marne (Haute-)	17
Meurthe	17
Creuse	16
Côte-d'Or	15
Lozère	15
Ain	14
Cantal	14
Gard	13
Gironde	13
Hérault	13
Landes	12
Vaucluse	12
Corse	11
Drôme	11
Puy-de-Dôme	11
Corrèze	10
Var	10
Ardennes	8
Bouches-du-Rhône	8
Aube	7
Garonne (Haute-)	7
Loire (Haute-)	7
Ardèche	6
Aveyron	6
Tarn	6
Saône-et-Loire	5
Yonne	5

NOMS DES DÉPARTEMENTS	%
Manche	4
Nièvre	4
Vienne (Haute-)	4
Loire	3
Marne	3
Morbihan	3
Rhin (Haut)	3
Aisne	2
Cher	2
Côtes-du-Nord	2
Ille-et-Vilaine	2
Indre	2
Loire-Inférieure	2
Nord	2
Oise	2
Pas-de-Calais	2
Allier	1
Eure	1
Finistère	1
Indre-et-Loire	1
Lot	1
Rhône	1
Seine-Inférieure	1
Seine-et-Marne	1
Somme	1
Vendée	1
Calvados	Moins de 1/2 0/0
Charente	
Charente-Inférieure	
Dordogne	
Eure-et-Loir	
Gers	
Loir-et-Cher	
Loiret	
Lot-et-Garonne	
Maine-et-Loire	
Mayenne	
Orne	
Sarthe	
Seine	
Seine-et-Oise	
Deux-Sèvres	
Tarn-et-Garonne	
Vienne	

Vosges.	112.887 hectares.
Haute-Saône.	113.556 —

Les bois susceptibles d'aménagement ou d'une exploitation régulière sont seuls soumis au régime forestier.

C'est ainsi que 223.175 hectares échappent à la tutelle de l'administration des forêts.

On trouvera ci-après deux tableaux statistiques qui présentent le relevé par département de la propriété communale.

Le premier de ces tableaux donne l'état détaillé des biens communaux : bois et forêts, propriétés susceptibles de revenus ou non (1).

Le second tableau, rédigé par M. de Crisenoy d'après des documents de 1863, indique l'état des biens des communes et des sections de communes, ainsi que la superficie totale du département (2).

La carte graphique qui est jointe à notre étude (3), met en relief l'importance des biens communaux dans chaque département. En consultant cette carte, on verra que les départements qui possèdent la plus grande éten-

(1) Les éléments de cette statistique sont empruntés au *Rapport sur la situation financière et matérielle des communes en* 1877, rédigé par M. J. de Crisenoy, conseiller d'État, directeur de l'administration départementale et communale. (*Imprimerie nationale*, in-4°. Paris, 1881.)

(2) J. de Crisenoy, *Statistique des biens communaux et des sections de communes*, 1887. (Extrait de la *Revue générale d'administration.*)

(3) Cette carte a été dressée par M. Anthoine, directeur du service de la carte de France (100.000e), pour le travail de M. de Crisenoy sur la statistique des biens communaux. (*Revue générale d'administration*, 1887. Berger-Levrault, éditeurs). Nous avons pu reproduire cette carte grâce à la bienveillance de M. de Crisenoy, de M. Anthoine et de MM. Berger-Levrault.

due de biens communaux appartiennent aux régions montagneuses de l'Est, du Sud et du plateau central de la France. A ces départements dans lesquels le régime forestier ou pastoral s'impose, il faut ajouter les deux départements de la Gironde et des Landes pour les landes de Gascogne.

TABLE DES MATIÈRES

Pages.

Rapport de M. Édouard Rousselle à la Société des Agriculteurs de France. 1

PRÉLIMINAIRES.

Définitions. 20
But de cette étude. 22

PREMIÈRE PARTIE.

HISTORIQUE DES BIENS COMMUNAUX.

CHAPITRE PREMIER.

ORIGINE DES BIENS COMMUNAUX.

Idées générales. 24
Universalité de la coutume des communaux. 27
Influence du droit romain. 28
Législation des barbares. 33
La féodalité. 36
Controverses. Conclusion. 37

CHAPITRE II.

LES BIENS COMMUNAUX AU XVIe ET AU XVIIe SIÈCLE.

Les abus, le triage. 46
Efforts de la royauté; déclaration du 27 avril 1567; ordonnance de mai 1579; édit de mars 1600; ordonnance de janvier 1629. 47
Ordonnance du 22 juin 1659, pour la Champagne. 51
Influence de Colbert; édit d'avril 1667. 54

Pages.

Ces ordonnances accordent aux communes deux actions pour rentrer dans la possession de leurs biens. 59
Édit d'août 1669; le triage. 61
Édit d'avril 1683. 63
Faiblesse de la royauté. 64

CHAPITRE III.

LES BIENS COMMUNAUX AU XVIIIe SIÈCLE.

Idées nouvelles. 65
Le partage des communaux en Europe. 67
— en France. 68
Allotissements de jouissance. 69
Sentiment des petites gens. 70
Opinion des jurisconsultes. 72

CHAPITRE IV.

LA PÉRIODE RÉVOLUTIONNAIRE.

Résultats contradictoires de la mise en œuvre des idées révolutionnaires. 75
§ 1. Le patrimoine communal augmenté.
1° Suppression du triage et du tiers-denier. 76
2° Réintégration des communes dans leurs biens. . . 78
3° Droits des communes sur les terres vaines et vagues. Législation spéciale à la Bretagne. 79
§ 2. Le patrimoine communal amoindri.
Lois du 14 août 1792 et du 10 juin 1793 sur le partage des communaux. 85
§ 3. Suppression du partage.
Loi du 21 prairial an IV. 90
Loi du 9 ventôse an XII. 91
Ordonnance du 23 juin 1819. 92

CHAPITRE V.

LES LOIS MODERNES RELATIVES AUX BIENS COMMUNAUX.

§ 1. Loi du 20 mars 1813. 94

Pages.

§ 2. De l'amélioration des communaux.
Principes. 97
Les conseils généraux consultés. 98
Vœux de 1848. 100
Projet de loi du 28 août 1848. 100
Loi du 19 juin 1857. 102
Loi du 28 juillet 1860. 107
Reboisement et conservation des terrains en montagne. Loi du 28 juillet 1860. Loi du 4 avril 1882. 111
Restauration ou mise en défens. 113
Réglementation des pâturages communaux en montagne. 116
Projet de loi de 1868 sur l'amélioration des communaux. 120
§ 3. Principes d'administration des communaux d'après nos lois municipales. 124

DEUXIÈME PARTIE.

RÉGIME LÉGAL DES BIENS COMMUNAUX.

CHAPITRE PREMIER.

GÉNÉRALITÉS.

Autorités ayant pouvoir de décider et d'agir. 129
Détermination et conditions de la jouissance 130
Taxes. 131
Régime forestier des bois communaux. 134

CHAPITRE II.

L'AFFOUAGE ET LE MARONAGE.

Définitions. 137
§ 1. Historique de l'affouage. 137
Anciennes coutumes. 138
Usages lorrains. 139

Pages.

Modes de partage : loi du 10 juin 1793. Avis du conseil d'État de 1807 et 1808 140
Le Code forestier. 141
Son article 105. Difficultés pratiques. 142
Loi du 23 novembre 1883 : le nouvel article 105. . . . 147
Condition de l'étranger; suppression des usages. . . . 149
§ 2. Caractère juridique de l'affouage. 150
Examen des différentes opinions. 151
C'est un droit *sui generis*. 153
§ 3. Qualités requises de l'affouagiste. 155

CHAPITRE III.

LES JOUISSANCES COMMUNES AUTRES QUE L'AFFOUAGE.

Différentes formes de la jouissance. 158
Modes divers de répartition. 159
Un exemple : les pâquis à *Chanteheux*. 161
Réglementation des pâturages communaux. 162
Quid des étrangers? 163
Quid si la délibération du conseil municipal modifie des usages établis antérieurement à la loi du 10 juin 1793? . . 164

CHAPITRE IV.

COMPÉTENCE EN MATIÈRE DE JOUISSANCES COMMUNES.

Compétence du conseil de préfecture. 168
— des tribunaux civils. 170
Quid des questions d'aptitude personnelle? Variations de la jurisprudence. La question est résolue aujourd'hui. 170

CHAPITRE V.

ACTES DE GESTION DES CONSEILS MUNICIPAUX VIS-A-VIS DES COMMUNAUX.

§ 1. Amodiation. 173
§ 2. Aliénation. Échange. 176
§ 3. Partages. 181

Pages.
A. Partage de biens indivis entre communes. 181
B. Partage de communaux entre habitants.
— en propriété. 183
— en jouissance : allotissements. 186

TROISIÈME PARTIE.

CONSIDÉRATIONS ÉCONOMIQUES. CONCLUSIONS.

CHAPITRE PREMIER.

CONSIDÉRATIONS ÉCONOMIQUES.

§ 1. Importance et consistance du domaine communal. . . 189
§ 2. Les communaux et l'opinion.
Citations d'auteurs. 190
Mise au point de la question. 194
Un quart ou un cinquième du domaine communal est susceptible d'améliorations. 197
§ 3. Du point de vue auquel il faut se placer pour apprécier les communaux.
La terre pour l'homme. 198
Rapprochements. Citations. 199
Idée de M. Le Play. 200
Opinion de M. Roscher. 201
Avantages du pâturage, des aisances, de l'affouage. . 201
Statistique de l'affouage dans le département des Ardennes. 202
Les *rames* et les *balayettes* dans le pays de Beaumont-en-Argonne. 203
Secours que les bois communaux apportent à l'habitant. 204
Opinion de l'avocat général Talon. 206
§ 4. Sentiment des populations vis-à-vis des communaux.
Luttes des populations pour conserver leur domaine communal. 207
Exception dans les pays de culture intensive. 208
— dans les contrées où les communaux appartiennent aux sections de commune. 210

CHAPITRE II.

CONCLUSIONS.

§ I.

Pages.

Conserver les communaux; les améliorer si possible. Toute liberté laissée aux conseils municipaux. 212
Moyens d'amélioration :
A. Les plantations de bois. 215
Un exemple. 216
Impossibilité de planter partout. Observations des Intendants au XVIIIe siècle. 218
B. Les allotissements, aisances, partages de jouissance. . . . 219
Citations. 220
Les *allotments* en Angleterre. 221
L'*allmend* en Suisse et en Allemagne. 224
La terre à l'homme : le socialisme en Angleterre, la charité en France. 226
L'*act* du 5 mars 1894 sur les *allotments* 226
Les jardins ouvriers. 227

§ 2.

Rôle de l'administration supérieure :
Faciliter les améliorations, les provoquer. 229
Partage en propriété dans les pays sectionnaires. 229
Plus de droits féodaux ; le *tiers-denier, le droit gruriál*. . 230
Conclusion. 230

PIÈCES JUSTIFICATIVES.

I. *Notes sur les plantations effectuées sur le domaine de Belval (commune de Belval-bois-des-Dames, Ardennes)*. . . 233

II. *Documents originaux sur le partage des communaux et le règlement des portions ménagères au XVIIIe siècle.*
Édit de juin 1769 pour les Trois-Évêchés. 240

Pages.

Arrêt du Conseil du 9 mai 1773 pour les généralités d'Auch et de Pau. 246
Édit de janvier 1774 pour la province de Bourgogne. 251
Arrêt du Conseil du 15 avril 1774 pour la province d'Alsace. 255
Lettres patentes du 27 mars 1777 pour la Flandre. 259
Arrêt du Conseil du 25 février 1779 pour l'Artois. 268

III. *Documents statistiques. — Carte graphique des biens communaux en France* 270

Renseignements statistiques sur les propriétés immobilières des communes, 1877.

DÉPARTEMENTS.	Nombre des communes.	BOIS COMMUNAUX. Soumis au régime forestier.	BOIS COMMUNAUX. Non soumis au régime forestier.	TOTAL. (Col. 3 et 4.)	PROPRIÉTÉS NON BOISÉES. (Pâturages, landes, marais, tourbières, etc.) Productives.	PROPRIÉTÉS NON BOISÉES. Improductives.	TOTAL de la superficie des biens communaux de toute nature.	DÉPARTEMENTS.
1	2	3	4	5	6	7	8	9
		Hectares.	Hectares.	Hectares.	Hectares.	Hectares.	Hectares.	
Ain	453	46.156	1.930	48.086	14.593	9.757	72.436	Ain . . . . . .
Aisne	837	3.243	216	3.459	11.276	866	15.601	Aisne. . . . . .
Allier	317	727	194	921	1.871	862	3.654	Allier . . . . .
Alpes (Basses-).	251	49.269	8.869	58.138	93.091	39.826	191.055	Alpes (Basses-).
Alpes (Hautes-).	189	80.610	2.214	82.824	201.235	42.974	327.033	Alpes (Hautes-).
Alpes-Maritimes.	152	39.624	9.465	49.089	83.168	11.357	143.614	Alpes-Maritimes.
Ardèche	339	9.827	1.216	11.043	9.124	2.233	22.400	Ardèche . . . .
Ardennes. . . .	502	35.274	816	36.090	6.680	1.824	44.594	Ardennes. . . .
Ariège.	336	19.880	6.309	26.189	19.024	21.108	66.321	Ariège. . . . .
Aube.	446	22.731	142	22.873	8.274	5.812	36.959	Aube. . . . . .
Aude.	436	11.508	1.097	12.605	45.088	29.352	87.045	Aude. . . . . .
Aveyron	295	6.543	1.450	7.993	18.090	11.342	37.425	Aveyron . . . .
Belfort (Territ. de)	106	12.943	26	12.969	1.411	533	14.913	Belfort (Territ. de .
Bouch.-du-Rhône.	108	19.477	2.232	21.709	40.853	4.840	67.402	Bouch.-du-Rhône.
Calvados. . . .	764	»	18	18	2.172	159	2.349	Calvados . . . .
Cantal	266	11.594	3.628	15.222	2.718	6.617	24.557	Cantal . . . . .
Charente. . . .	426	78	206	284	141	596	1.021	Charente . . . .
Charente-Infér. .	481	489	128	617	1.491	324	2.432	Charente-Infre. .

Cher.	291	4.584	348	4.932	8.946	2.136	16.014	Cher. . . . . .
Corrèze	287	2.637	607	3.244	6.175	17.265	26.684	Corrèze. . . . .
Corse	363	71.942	22.835	94.777	64.435	10.091	169.303	Corse. . . . . .
Côte-d'Or. . . .	717	98.221	104	98.325	15.802	6.247	120.374	Côte-d'Or. . . .
Côtes-du-Nord. .	389	»	»	»	1.524	1.462	2.986	Côtes-du-Nord. .
Creuse.	263	1.061	»	1.061	2.120	67.682	70.863	Creuse. . . . .
Dordogne. . . .	582	»	9	9	341	501	851	Dordogne. . . .
Doubs	638	97.147	630	97.777	54.737	11.954	164.468	Doubs . . . . .
Drôme.	372	30.515	4.419	34.934	16.295	19.201	70.430	Drôme. . . . .
Eure.	700	46	8	54	2.379	790	3.223	Eure. . . . . .
Eure-et-Loir . .	426	»	14	14	943	174	1.131	Eure-et-Loir. .
Finistère. . . .	287	»	»	»	3.436	1.818	5.254	Finistère. . . .
Gard.	348	43.006	3.023	46.029	24.139	4.083	74.251	Gard. . . . . .
Garonne (Haute-).	585	21.469	3.239	24.708	25.273	6.784	56.765	Garonne (Haute-).
Gers.	465	1.459	419	1.078	455	331	2.664	Gers. . . . . .
Gironde	552	983	18.971	19.954	18.925	13.732	52.611	Gironde. . . . .
Hérault	336	11.068	1.863	12.931	42.336	7.239	62.506	Hérault. . . . .
Ille-et-Vilaine. .	353	55	»	55	6.068	879	7.002	Ille-et-Vilaine. .
Indre	245	793	60	853	4.228	2.710	7.791	Indre. . . . . .
Indre-et-Loire. .	282	»	16	16	6.553	1.064	7.633	Indre-et-Loire. .
Isère.	558	54.961	3.693	58.654	43.742	9.674	112.070	Isère. . . . . .
Jura.	584	83.634	983	84.617	30.495	11.954	127.066	Jura. . . . . .
Landes.	333	8.162	50.976	59.138	99.883	2.625	161.646	Landes. . . . .
Loir-et-Cher. . .	297	167	1	168	1.052	237	1.457	Loir-et-Cher. . .
Loire	329	1.958	61	2.019	1.190	371	3.580	Loire. . . . . .
Loire (Haute-) .	263	7.771	1.626	9.397	12.510	4.892	26.799	Loire (Haute-). .
Loire-Inférieure.	217	»	»	»	7.741	532	8.273	Loire-Inférieure.

DÉPARTEMENTS.	Nombre des communes.	BOIS COMMUNAUX. Soumis au régime forestier.	Non soumis au régime forestier.	TOTAL. (Col. 3 et 4.)	PROPRIÉTÉS NON BOISÉES. (Pâturages, landes, marais, tourbières, etc.) Productives.	Improductives.	TOTAL de la superficie des biens communaux de toute nature.	DÉPARTEMENTS.
1	2	3	4	5	6	7	8	9
		Hectares.	Hectares.	Hectares.	Hectares.	Hectares.	Hectares.	
Loiret	349	15	109	124	800	207	1.131	Loiret . . . . .
Lot	323	»	176	176	2.472	1.314	3.962	Lot. . . . . . .
Lot-et-Garonne .	325	1.419	151	1.570	78	136	1.784	Lot-et-Garonne.
Lozère.	196	10.499	4.255	14.754	19.556	51.750	86.060	Lozère. . . . .
Maine-et-Loire. .	381	»	»	»	4.839	244	5.083	Maine-et-Loire. .
Manche.	643	»	55	55	11.485	4.119	15.659	Manche. . . . .
Marne	665	10.012	289	10.301	10.271	987	21.559	Marne . . . . .
Marne (Haute-) .	550	87.693	844	88.537	9.980	5.269	103.786	Marne (Haute-). .
Mayenne	276	»	5	5	161	118	284	Mayenne . . . .
Meurthe-et-Mos .	596	69.162	343	69.505	23.011	2.790	95.306	Meurthe-et-Mos. .
Meuse	586	96.941	510	97.451	10.839	3.529	111.819	Meuse . . . . .
Morbihan. . . .	249	»	»	»	980	2.453	3.433	Morbihan. . . .
Nièvre.	313	22.985	107	23.092	1.894	832	25.818	Nièvre. . . . .
Nord.	662	1.782	41	1.823	7.365	664	9.852	Nord. . . . . .
Oise.	701	949	»	949	5.764	945	7.658	Oise. . . . . .
Orne.	511	»	7	7	486	338	831	Orne. . . . . .
Pas-de-Calais . .	904	258	168	426	8.492	1.632	10.550	Pas-de-Calais . .
Puy-de-Dôme . .	465	10.886	»	10.886	28.708	18.152	57.746	Puy-de-Dôme . .
Pyrénées (Basses-).	558	55.079	23.267	78.346	88.883	19.218	186.447	Pyrénées (Basses-).
Pyrénées (Hautes-).	480	47.557	11.560	59.117	62.223	23.613	144.953	Pyrénées(Hautes-)

Pyrénées-Orient.	231	20.972	1.357	22.329	35.858	21.238	79.425	Pyrénées-Orient.
Rhône	264	»	66	66	654	232	952	Rhône
Saône (Haute-)	583	113.239	317	113.556	7.607	6.630	127.793	Saône (Haute-)
Saône-et-Loire	589	26.614	158	26.772	12.016	4.614	43.402	Saône-et-Loire
Sarthe	386	»	30	30	328	9	367	Sarthe
Savoie	327	76.133	9.159	85.292	79.214	34.969	199.475	Savoie
Savoie (Haute-)	314	44.967	5.308	50.275	26.279	9.968	86.522	Savoie (Haute-)
Seine — Paris	1	»	»	»	»	»	»	Seine — Paris
Seine — Arr. de Sceaux et St-Denis	71	»	»	»	69	6	75	Seine — Arr. de Sceaux et Saint-Denis
Seine-Inférieure	759	538	41	579	5.260	256	6.095	Seine-Inférieure
Seine-et-Marne	530	607	»	607	8.660	298	9.565	Seine-et-Marne
Seine-et-Oise	686	172	»	172	1.206	356	1.734	Seine-et-Oise
Sèvres (Deux-)	356	98	»	98	958	495	1.551	Sèvres (Deux-)
Somme	835	11	38	49	10.874	723	11.646	Somme
Tarn	318	9.344	1.762	11.106	8.369	1.749	21.224	Tarn
Tarn-et-Garonne	194	137	69	206	204	134	544	Tarn-et-Garonne
Var	145	42.426	8.313	50.739	9.810	5.157	65.706	Var
Vaucluse	150	28.407	178	28.585	5.983	4.311	38.879	Vaucluse
Vendée	299	»	2	2	5.260	379	5.641	Vendée
Vienne	300	»	»	»	767	838	1.605	Vienne
Vienne (Haute-)	203	332	97	429	8.680	3.296	12.405	Vienne (Haute-)
Vosges	531	112.650	237	112.887	27.653	4.431	144.971	Vosges
Yonne	485	32.036	95	32.131	4.484	1.891	38.506	Yonne
Totaux	36.056	1.835.331	223.175	2.058.707	1.620.503	637.100	4.316.310	

Statistique des biens communaux et sectionnaires, d'après les documents de 1863.

(Publiée par M. J. de Crisenoy, *Revue générale d'administration*, 1887.)

DÉPARTEMENTS.	Nombre des communes.	Nombre des sections.	SUPERFICIE DES BIENS			Superficie des Départements.	DÉPARTEMENTS.
			communaux.	sectionnaires	Totaux.		
1	2	3	4	5	6	7	8
			Hectares.	Hectares.	Hectares.	Hectares.	
Ain	450	129	72.486	11.632	84.118	579.558	Ain
Aisne	836	25	15.087	311	15.398	736.727	Aisne
Allier	317	136	2.481	4.460	6.941	731.893	Allier
Alpes (Basses-)	249	23	164.985	11.998	176.983	695.384	Alpes (Basses-)
Alpes (Hautes-)	189	31	280.117	1.513	281.630	553.975	Alpes (Hautes-)
Alpes-Maritimes	146	1	64.681	42	64.723	376.157	Alpes-Maritimes
Ardèche	339	161	14.375	16.619	30.994	552.713	Ardèche
Ardennes	478	29	42.690	2.144	44.834	524.861	Ardennes
Ariège	336	22	77.260	4.511	81.771	490 775	Ariège
Aube	446	32	36.835	2.649	39.484	601.003	Aube
Aude	434	3	113.299	32	113.331	628.922	Aude
Aveyron	283	264	10.859	43.160	54.019	974.760	Aveyron
Bouches-du-Rhône	206	»	42.984	»	42.984	506.921	Bouches-du-Rhône
Calvados	766	3	1.350	52	1.402	551.751	Calvados
Cantal	259	2.815	2.060	81.218	83.278	574.033	Cantal
Charente	427	125	946	622	1.568	595.557	Charente
Charente-Inférieure	479	»	2.265	732	3.357	683.599	Charente-Inférieure
Cher	291	38	14.788	3.003	17.791	716.918	Cher

Corrèze	286	247	4.200	49.394	53.594	586.568	Corrèze
Corse	353	85	85.930	7.958	93.888	849.897	Corse
Côte-d'Or	717	124	118.988	7.752	126.740	878.359	Côte-d'Or
Côtes-du-Nord	382	236	9.164	2.629	11.793	687.590	Côtes-du-Nord
Creuse	261	4.051	575	88.238	88.813	557.121	Creuse
Dordogne	582	17	2.069	21	2.090	918.268	Dordogne
Doubs	639	44	156.396	2.338	158.734	522.776	Doubs
Drôme	366	59	73.824	266	74.090	661.529	Drôme
Eure	700	60	3.709	440	4.149	599.996	Eure
Eure-et-Loir	426	124	1.095	73	1.168	587.521	Eure-et-Loir
Finistère	282	»	4.251	»	4.251	671.795	Finistère
Gard	345	123	71.343	7.325	78.671	587.510	Gard
Garonne (Haute-)	578	13	43.159	911	44.070	629.596	Garonne (Haute-)
Gers	466	52	2.847	174	3.021	615.353	Gers
Gironde	547	585	88.696	35.719	124.415	977.823	Gironde
Hérault	331	271	77.404	4.345	81.749	621.939	Hérault
Ille-et-Vilaine	350	82	9.867	1.035	10.902	650.669	Ille-et-Vilaine
Indre	245	33	12.851	562	13.413	682.452	Indre
Indre-et-Loire	281	9	8.203	253	8.456	610.806	Indre-et-Loire
Isère	550	47	165.759	5.629	171.388	825.678	Isère
Jura	583	164	118.945	11.810	130.755	505.356	Jura
Landes	331	13	111.823	2.391	114.214	931.625	Landes
Loir-et-Cher	299	47	1.632	234	1.866	636.855	Loir-et-Cher
Loire	321	15	10.197	5.273	15.470	478.237	Loire
Loire (Haute-)	260	15	464	34.554	35.018	496.330	Loire (Haute-)
Loire-Inférieure	211	1	11.400	14	11.414	693.957	Loire-Inférieure
Loiret	349	22	1.753	50	1.803	672.276	Loiret

DÉPARTEMENTS.	Nombre des communes.	Nombre des sections.	SUPERFICIE DES BIENS			Superficie des Départements.	DÉPARTEMENTS.
			communaux.	sectionnaires	Totaux.		
1	2	3	4	5	6	7	8
			Hectares.	Hectares.	Hectares.	Hectares.	
Lot	317	1.354	2.801	3.443	6.244	523.154	Lot
Lot-et-Garonne	316	9	1.797	80	1.877	536.007	Lot-et-Garonne
Lozère	197	1.357	6.549	72.322	78.871	516.772	Lozère
Maine-et-Loire	376	»	6.309	»	6.309	711.557	Maine-et-Loire
Manche	644	49	20.782	1.261	22.043	594.530	Manche
Marne	666	15	22.492	212	22.704	816.173	Marne
Marne (Haute-)	550	1	105.562	20	105.582	622.163	Marne (Haute-)
Mayenne	272	172	1.150	55	1.205	517.083	Mayenne
Meurthe	713	10	87.027	475	87.502	523.298	Meurthe
Meuse	587	4	114.080	128	114.208	623.261	Meuse
Morbihan	238	2.221	14.154	9.554	23.708	679.578	Morbihan
Nièvre	313	552	17.925	9.959	27.884	679.508	Nièvre
Nord	664	»	9.532	»	9.532	570.042	Nord
Oise	700	26	8.566	274	8.840	585.445	Oise
Orne	510	94	2.370	139	2.509	610.067	Orne
Pas-de-Calais	903	58	10.020	875	10.895	663.432	Pas-de-Calais
Puy-de-Dôme	443	4.537	1.299	86.543	88.181	794.477	Puy-de-Dôme
Pyrénées (Basses-)	559	51	229.711	2.003	231.714	766.719	Pyrénées (Basses-)
Pyrénées (Hautes-)	479	21	193.864	778	194.642	450.483	Pyrénées (Hautes-)
Pyrénées-Orientales	231	20	90.275	2.737	93.012	414.531	Pyrénées-Orientales

Rhin (Haut-)	106	»	14.913	»	14.913	60.814	Rhin (Haut-)
Rhône	258	41	1.738	296	2.034	285.664	Rhône
Saône (Haute-)	583	75	130.115	3.735	133.850	514.928	Saône (Haute-)
Saône-et-Loire	584	928	33.506	14.754	48.260	856.543	Saône-et-Loire
Sarthe	389	8	903	3	906	591.723	Sarthe
Savoie	325	109	239.749	4.634	241.383	577.511	Savoie
Savoie (Haute-)	309	139	99.616	3.769	103.385	431.715	Savoie (Haute-)
Seine	70	»	320	»	320	48.375	Seine
Seine-Inférieure	759	127	6.596	946	7.542	614.969	Seine-Inférieure
Seine-et-Marne	528	48	2.798	793	3.591	573.899	Seine-et-Marne
Seine-et-Oise	684	4	1.915	37	1.952	560.380	Seine-et Oise
Sèvres (Deux-)	356	79	2.446	380	2.826	599.838	Sèvres (Deux-)
Somme	832	54	5.647	1.616	7.263	616.329	Somme
Tarn	316	247	23.449	6.101	29.550	574.025	Tarn
Tarn-et-Garonne	194	329	1.209	208	1.417	371.880	Tarn-et-Garonne
Var	144	2	67.612	427	68.039	599.344	Var
Vaucluse	149	16	45.527	81	45.608	374.272	Vaucluse
Vendée	298	924	5.778	1.204	6.982	671.210	Vendée
Vienne	296	167	1.190	398	1.588	697.320	Vienne
Vienne (Haute-)	200	1.758	370	19.035	19.405	551.768	Vienne (Haute-)
Vosges	548	190	142.104	14.336	156.440	586.690	Vosges
Yonne	483	137	38.575	2.358	40.933	742.056	Yonne
Totaux	36.303	35.847	3.909.656	721.414	4.631.086	52.812.023	

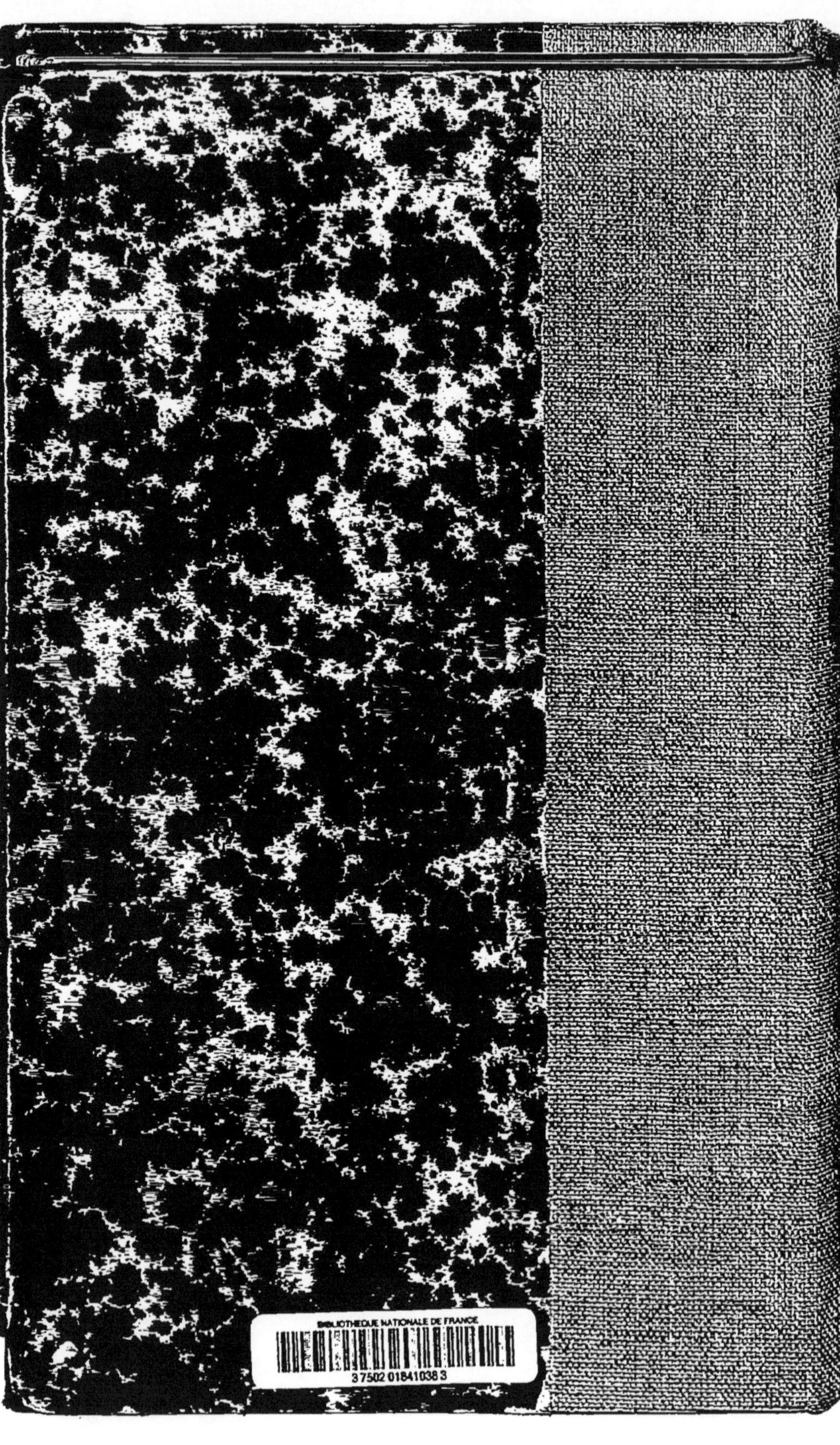
BIBLIOTHEQUE NATIONALE DE FRANCE
3 7502 01841038 3

www.ingramcontent.com/pod-product-compliance
Ingram Content Group UK Ltd.
Pitfield, Milton Keynes, MK11 3LW, UK
UKHW012158240726
13966UKWH00002B/435